Michael F. G. Klein

Entwicklung von Analysetechniken zur Optimierung der Morphologie organischer Solarzellen

Entwicklung von Analysetechniken zur Optimierung
der Morphologie organischer Solarzellen

Entwicklung von Analysetechniken zur Optimierung der Morphologie organischer Solarzellen

von
Michael F. G. Klein

Dissertation, Karlsruher Institut für Technologie (KIT)
Fakultät für Elektrotechnik und Informationstechnik
Tag der mündlichen Prüfung: 12. Juni 2013
Referenten: Prof. Dr. Uli Lemmer, Prof. Dr. Thomas Heiser

Impressum

Karlsruher Institut für Technologie (KIT)
KIT Scientific Publishing
Straße am Forum 2
D-76131 Karlsruhe
www.ksp.kit.edu

KIT – Universität des Landes Baden-Württemberg und
nationales Forschungszentrum in der Helmholtz-Gemeinschaft

KIT Scientific Publishing 2013
Print on Demand

ISBN 978-3-7315-0060-5

Entwicklung von Analysetechniken zur Optimierung der Morphologie organischer Solarzellen

Zur Erlangung des akademischen Grades eines

DOKTOR-INGENIEURS

von der Fakultät für

Elektrotechnik und Informationstechnik
des Karlsruher Instituts für Technologie (KIT)

genehmigte

Dissertation

von

Dipl.-Phys. Michael Frédéric Giacomo Klein
geb. in Ludwigshafen am Rhein

Tag der mündlichen Prüfung: 12. Juni 2013
Hauptreferent: Prof. Dr. Uli Lemmer
Korreferent: Prof. Dr. Thomas Heiser

Inhaltsverzeichnis

Vorwort

Die vorliegende Dissertation entstand während meiner wissenschaftlichen Tätigkeit am Lichttechnischen Institut (LTI) des Karlsruher Instituts für Technologie (KIT). An dieser Stelle möchte ich mich bei all denjenigen bedanken, die mich auf vielfältige Art und Weise während der letzten Jahre unterstützt haben. Ohne diese fortwährende Unterstützung wäre die vorliegende Arbeit nicht möglich gewesen.

In erster Linie danke ich meinem Doktorvater Prof. Dr. Uli Lemmer, der mich für die organische Photovoltaik begeistert hat und der es mir ermöglichte, mich mit diesem spannenden Thema zu beschäftigen. Das von ihm geschaffene Umfeld gab mir die Freiheit, eigenen Überlegungen und Fragestellungen nachzugehen. Durch sein umfassendes Verständnis physikalischer Prozesse und das kritische Hinterfragen von Ergebnissen brachte er meine Arbeit immer wieder voran.

Des Weiteren freue ich mich, dass Prof. Dr. Thomas Heiser von der Universität Strasbourg zugestimmt hat, das Korreferat zu übernehmen.

Dr. Alexander Colsmann hat als Gruppenleiter der organischen Photovoltaik-Aktivitäten am LTI meine Forschung entscheidend unterstützt, so dass mir eine exzellente apparative Ausstattung zur Verfügung stand und hinreichende finanzielle Ressourcen vorhanden waren. Wir haben alle Ergebnisse ausführlich gemeinsam diskutiert. Dabei war er oft ein härterer Sparringspartner als externe Referees.

Bei allen Kollegen der organischen Photovoltaik Gruppe möchte ich mich für das angenehme Arbeitsumfeld bedanken, insbesondere bei meinen langjährigen Mitdoktoranden Andreas Pütz, Felix Nickel, Hung Do, Jan Mescher, Jens Czolk, Manuel Reinhard, Nico Christ und Stefan Höfle. Den neuen Kollegen unserer stetig wachsenden Gruppe wünsche ich viel Erfolg, insbesondere Adrian Mertens, der die Verantwortung für das Ellipsometer und den Quanteneffizienzmessplatz übernommen hat.

Die von mir betreuten Studenten Aurélien Leguy, Christian Kronimus, Dominik Landerer, Gustavo Quintas Glasner de Medeiros, Jens Czolk, Johannes Dréwniok, Marina Pfaff, Markus Schröder, Matthias Isen, und Panagiota Kapetana und die mit Konstruktionsaufgaben betrauten studentischen Hilfskräfte Felix Frey, Konstantin Glaser, Philipp Hübner und Simon Jauß haben mit ihren Vorarbeiten einen wertvollen Beitrag für die im Rahmen dieser Arbeit erarbeiteten Erkenntnisse geliefert.

Außerhalb der organischen Photovoltaik Gruppe möchte ich mich insbesondere bei meinen Kollegen Dr. Sebastian Valouch, Siegfried Kettlitz und Dr. Zhenhao Zhang bedanken. Manchmal sind es auch die nicht sofort ins Auge springenden „Kleinigkeiten", wie die von Siegfried Kettlitz lancierte Verwendung einer LTI-weiten, einheitlichen Literaturdatenbank, die sich nach einiger Zeit als eine große Hilfe herausstellen.

Bedingt durch den interdisziplinären Charakter dieser Arbeit hatte ich die Freude, mit vielen externen Kollegen zusammen arbeiten zu können: Im Rahmen des vom Schwerpunktprogramm 1355 „Elementarprozesse der organischen Photovoltaik" der Deutschen Forschungsgemeinschaft geförderten Programms „TRAPOS" waren dies insbesondere die Kollegen Dr. Benjamin Schmidt-Hansberg, Felix Buss und Prof. Dr. Wilhelm Schabel vom Institut für Thermische Verfahrenstechnik (TVT, KIT), Dr. Felix Pasker und Prof. Dr. Sigurd Höger vom Kekulé-Institut der Universität Bonn, Dr. Monamie Sanyal vom Max Planck Institut für Metallforschung in Stuttgart und Dr. Esther Barrena vom Institut de Ciència de Materials de Barcelona (ICMAB-CSIC). Mit den Kollegen aus der Verfahrenstechnik wurde das Trocknungsverhalten dünner Filme untersucht, die Kollegen aus der organischen Chemie haben neue Absorbermaterialien für organische Solarzellen synthetisiert, während Monamie Sanyal und Esther Barrena die zeitaufgelösten *in-situ* Röntgenstruktur-Untersuchungen verantwortet haben. Darüber hinaus ermöglichte die Doktorandenförderung des Schwerpunktprogramms die Teilnahme an Schools, Workshops und Messkampagnen, sowie die Finanzierung einer Voruntersuchung zur Evaluierung eines neuen tiefenauflösenden Messverfahrens gemeinsam mit Dr. Agnes Tempez von Horiba Jobin Yvon (Paris).

Marina Pfaff, Dr. Erich Müller und Prof. Dr. Dagmar Gerthsen des Laboratoriums für Elektronenmikroskopie haben im Rahmen eines vom Centrum für Funktionale Nanostrukturen (CFN, KIT) unterstützten Projektes mit zahlreichen elektronenmikroskopischen morphologischen Analysen zu dieser Arbeit beigetragen.

Neben den oben genannten projektbasierten Kooperationen möchte ich mich ebenfalls für die ungezwungene Zusammenarbeit mit Dr. Stefan Winter von der Physikalisch-Technischen Bundesanstalt (PTB), Arbeitsgruppe 4.14 Solarzellen, in Braunschweig und mit Prof. Dr. Stefan Kowarik vom Institut für Physik der Humboldt-Universität zu Berlin bedanken. Stefan Winter hat sein enormes messtechnisches Wissen zur Quanteneffizienzmessung an Solarzellen bereitwillig geteilt und mich dabei bei der Optimierung des im Rahmen dieser Arbeit entstandenen Quanteneffizienzmessplatzes massiv unterstützt. Die in Kapitel 6 gezeigten Röntgenstruktur-Untersuchungen sind in Kooperation mit Stefan Kowarik entstanden.

Am LTI möchte ich mich des Weiteren bei unseren Reinraumtechnikern Christian Kayser und Thorsten Feldmann, den Mitarbeitern Mario Sütsch, Hans Vögele und Klaus Ochs der Feinmechanischen Werkstatt, Felix Geislhöringer der Elektronikwerkstatt und unseren Sekretärinnen Astrid Henne und Claudia Holeisen bedanken. Bei den Mitarbeitern der Feinmechanischen Werkstatt und Felix Geislhöringer möchte ich mich insbesondere für die Unterstützung bei der Herstellung diverser Bauteile beziehungsweise bei deren Entwicklung bedanken.

Eine weitere Erfahrung, die ich nicht missen möchte, war die Mitarbeit am Aufbau des InnovationLabs in Heidelberg, wo im Rahmen einer Public-Private-Partnership die regional vertretenen und namhaften Akteure der organischen Elektronik eine Transferplattform geschaffen haben. Dabei ist unter anderem das Ziel, den Austausch zwischen universitärer und industrieller Forschung zu stärken und die zur Hochskalierung benötigten Prozesse zu entwickeln. Hier ist bereits heute zu erleben, in welche Richtung sich die organische Elektronik entwickeln wird und welch großes Potential sie besitzt.

Des Weiteren möchte ich der Karlsruhe School of Optics & Photonics für die Aufnahme in das Doktoranden Programm und für die Möglichkeit der Teilnahme an den damit verbundenen Trainingsmodulen danken.

Zuletzt möchte ich mich bei meinen Eltern und meiner Großmutter für die kontinuierliche Unterstützung bedanken sowie bei Leonie für das Coaching während der letzten Monate.

Vielen Dank,
Michael

Symbole und Abkürzungen

Lateinische Formelzeichen und Buchstaben

A	Aktive Fläche [m^2]
A	Massenzahl
A	Spektraler Absorptionsgrad [1]
A_i	Amplitude des i-ten Gaußschen Oszillators [1]
Br_i	Breite des i-ten Gaußschen Oszillators [eV]
c	Lichtgeschwindigkeit
d	Abstand
d_{hkl}	Abstand der Kristallebenen [Å] mit den Millerschen Indizes h, k, l
$\vec{E}_i$	Elektrisches Feld
e	Elementarladung
E_i	Energie des i-ten Gaußschen Oszillators [eV]
EQE	Externe Quanteneffizienz [1]
FF	Füllfaktor [1]
N_γ	Anzahl Photonen
h	Planksche Wirkungsquantum

I	Intensität
I_{solar}	Itemizelungsstärke, *Irradiance* [W/m^2]
I_{D}	Signalintensität am Detektor des Ellipsometers
I_{HAADF}	Intensität des HAADF STEM-Signals
IP	Ionisationspotential [eV]
$IPCE$	*Incident Photocurrent Efficiency* [1]
IQE	Interne Quanteneffizienz [1]
J	Stromdichte [A/m^2]
J	Stärke der resonanten exzitonischen Kopplung [eV]
J_{rev}	Sperrsättigungsstrom einer Diode, *Reverse Saturation Current* [A/m^2]
J_{sc}	Kurzschlußstromdichte, *Short Circuit Current Density* [A/m^2]
k	Extinktionskoeffizient
κ	Diodenidealitätsfaktor [1]
k_{B}	Boltzmann-Konstante
k_{f}	Wellenvektor des gestreuten Strahls
k_{i}	Wellenvektor des einfallenden Strahls
l_0	Räumliche Korrelationslänge der energetischen Unordnung [1 × Molekülabstand]
M_{n}	*Number Average Molecular Weight*
M_{w}	*Weight Average Molecular Weight*

N	Komplexer Brechungsindex
n	Beugungsordnung
n	Brechungsindex, Realteil
N_e	Anzahl Elektronen
P	Elektrische Leistung [W]
p	Parallele Polarisation
P_{solar}	Leistung der solaren Einstrahlung [W]
r	Amplitudenreflexionskoeffizient
R_p	Parallelwiderstand [Ω]
RR	Regioregularität
R_s	Serienwiderstand [Ω]
$\hat{S}$	Jones-Matrix der Probe (Sample)
S	Huang-Rhys-Faktor [1]
s	Senkrechte Polarisation
S_i	i-ter angeregter elektronischer Zustand
SR	*Spectral Response* [A/W]
T	Temperatur [°C]
t	Schichtdicke
$T_{deposition}$	Beschichtungstemperatur [C]
T_S	Schmelzpunkt [°C]
V	Spannung [V]

| V_{oc} | Leerlaufspannung, *Open Circuit Voltage* [V] |
| W | Freie Exzitonen-Bandbreite [eV] |

Griechische Formelzeichen und Buchstaben

α	Einfallswinkel
χ	Elektronenaffinität [eV]
Δ	Phasendifferenz
$d\Omega$	Raumwinkel
ε_0	Elektrische Feldkonstante oder Vakuum-Permittivität
ε_r	Dielektrische Funktion oder Relative Permittivität [1]
η	Effizienz der Solarzelle [1]
λ	Wellenlänge [nm]
μ	Mobilität [cm^2/Vs]
μ_h	Loch-Mobilität [cm^2/Vs]
ν_m	m-tes Vibrationsniveau
Φ	Austrittsarbeit [eV]
Ψ	Amplitudenverhältnis
ρ	Ellipsometrischer Parameter
ρ	Materialdichte [g/cm^3]
σ	Stärke der energetischen Unordnung [eV]
θ	Streuwinkel
$\overline{\theta^2}$	Mittlerer quadratischer Streuwinkel

Verwendete Abkürzungen

ADF	*Annular Dark-Field*
AFM	*Atomic Force Microscopy*
A	Akzeptor
AM	*Air Mass*
AO	Atomorbital
BF-TEM	*Bright-Field Transmission Electron Microscopy*
BF	*Bright-Field*
BHJ	*Bulk Heterojunction*
bis-PC$_{71}$BM	bis-[6,6]-Phenyl-C$_{71}$-butyric acid methyl ester
CB	Chlorbenzol, Monochlorbenzol, C_6H_5Cl
CS	*Charge Separated*
CT	*Charge Transfer*
CV	Cyclovoltammetrie
DCB	1,2-Dichlorbenzol, *o*-Dichlorbenzol, $C_6H_5Cl_2$
DIO	1,8-Diiodoctan
D	Donator
DSC	*Differential Scanning Calorimetry*
DUT	*Device Under Test*
EDXS	*Energy Dispersive X-Ray Spectroscopy*
EELS	*Electron Energy Loss Spectroscopy*

EFTEM	*Energy-Filtered Transmission Electron Microscopy*
EMA	*Effective Medium Approximation*
ETL	*Electron Transporting Layer*
FWHM	*Full Width at Half Maximum*
GISAXS	*Grazing Incidence Small Angle X-Ray Scattering*
GIWAXS	*Grazing Incidence Wide Angle X-Ray Scattering*
GIXD	*Grazing Incidence X-Ray Diffraction*
GPC	Gel-Permeations-Chromatographie
HAADF	*High-Angle Annular Dark-Field*
HOMO	*Highest Occupied Molecular Orbital*
HRTEM	*High-Resolution Transmission Electron Microscopy*
HTL	*Hole Transporting Layer*
ITO	Indiumzinnoxid, *Indium Tin Oxide*
LBG	*Low-Bandgap*
LBIC	*Light-Beam-Induced Current*
LDC	*Less Developed Country*
Low-keV STEM	*Low-Energy Scanning Transmission Electron Microscopy*
LUMO	*Lowest Unoccupied Molecular Orbital*
MIM	Metall-Isolator-Metall
MO	Molekülorbital

MoO_3	Molybdän(VI)-Oxid
MPP	*Maximum Power Point*
MSE	*Mean Squared Error*
NEXAFS	*Near-Edge X-ray Absorption Fine Structure*
NR	Neutronen-Reflektivität
OLED	*Organic Light Emitting Diode*
OPV	Organische Photovolatik
OSC	Organische Solarzelle, *Organic Solar Cell*
P3HS	Poly(3-hexylselenophen-2,5-diyl)
P3HT	Poly(3-hexylthiophen-2,5-diyl)
pBTTT	Poly(2,5-bis(3-hexadecylthiophen-2-yl)thieno[3,2-b]thiophene
$PC_{61}BM$	[6,6]-Phenyl-C_{61}-butyric acid methyl ester
$PC_{71}BM$	[6,6]-Phenyl-C_{71}-butyric acid methyl ester
PCDTBT	Poly[N-9'-heptadecanyl-2,7-carbazole-*alt*-5,5-(4',7'-di-2-thienyl-2',1',3'-benzothiadiazole)]
PCDTPBt	Poly[*N*-9'-heptadecanyl-2,7-carbazole-*alt*-5,5-(4',7'-di-2-thienyl-2'-(3,5-difluoro-4-octyldodecyloxyphenyl)-2'*H*-benzotriazole)]
PCPDTBT	Poly[2,6-(4,4-bis(2-ethylhexyl)-4H-cyclopenta[2,1-b;3,4-b´´]dithiophene)-*alt*-4,7-(2,1,3-benzothiadiazole)
PEDOT:PSS	Poly(3,4-ethylenedioxythiophen):Polystyrenesulfonat
PL	Photolumineszenz

PSBTBT	Poly[4,4'-bis(2-ethylhexyl)dithieno(3,2-b;2',3'-d)silole]-2,6-diyl-*alt*-(2,1,3-benzothidiazole)-4,7-diyl
PVP	Polyvinylpyrrolidon
PV	Photovoltaik
r-SoXR	*Resonant Soft X-Ray Reflectivity*
r-SoXS	*Resonant Soft X-Ray Scattering*
R2R	Rolle-zu-Rolle
RAE	*Rotating Analyzer Ellipsometer*
S2S	Bogen-zu-Bogen, *Sheet-to-Sheet*
SAED	*Selected Area Electron Diffraction*
SANS	*Small Angle Neutron Scattering*
SAS	*Small Angle Scattering*
SEM	*Scanning Electron Microscopy*
SE	Spektroskopische Ellipsometrie
SMU	*Source Mesurement Unit*
STC	Standardtestbedingungen, *Standard Test Conditions*
STXM	*Scanning Transmission X-Ray Microscopy*
TEM	*Transmission Electron Microscopy*
TGA	Thermogravimetrische Analyse
THF	Tetrahydrofuran
UV/Vis	Licht im Spektralbereich 200 nm bis 750 nm

VASE   *Variable Angle Spectroscopic Ellipsometer*

WAS   *Wide Angle Scattering*

WD   *Working Distance*

ZnO   Zinkoxid

1 Einführung

Die absehbare Veränderung des weltweiten Klimas und die Verknappung fossiler Ressourcen werden mittelfristig zu einem Paradigmenwechsel im globalen Energiesektor führen. Zusätzlich wird die wirtschaftliche Entwicklung, allen voran die der BRICS-Staaten, und das Anwachsen der weltweiten Bevölkerung den globalen Energiebedarf weiter erhöhen. Dem stehen die begrenzten finanziellen Ressourcen der Entwicklungsländer und privat-wirtschaftliche Interessen gegenüber.

Neben verbrauchsmindernden Maßnahmen und einer effizienteren Nutzung vorhandener Ressourcen werden regenerative Energiequellen im Energiemix der Zukunft eine wichtige Rolle spielen. Die Internationale Energieagentur (IEA) prognostiziert regenerativ erzeugter elektrischer Energie[1] im „World Energy Outlook 2012" einen 31%-igen Anteil für das Jahr 2035, was einer Verdreifachung gegenüber 2012 entspricht [1]. Insbesondere der Anteil der Photovoltaik (PV) soll um das 26-fache anwachsen.

Mit diesen Wachstumsprognosen ist es nicht verwunderlich, dass große Mineralölkonzerne wie Royal Dutch Shell den Markt intensiv beobachten. Dies wird besonders in der Studie „Shell New Lens Scenarios 2013" deutlich, deren Autoren davon ausgehen, dass im Jahr 2070 die Solarenergie die dominierende Form der Energieerzeugung darstellen wird [2].

Die großen Beratungsgesellschaften kommen zu einer ähnlichen, positiven Markteinschätzung für die Photovoltaik. So rechnet zum Beispiel McKinsey für das Jahr 2030 szenarioabhängig mindestens mit einem 34%-igen Anteil regenerativ erzeugter elektrischer Energie und übertrifft damit nochmals die Prognosen der IEA [3].

Neben der wirtschaftlichen Motivation gibt es humanitäre Beweggründe,

---

[1]Relative Verteilung: 50 % Wasser, 24 % Wind, 13 % Bioenergie, 7.5 % Solare Photovoltaik, 2.7 % Geothermie, 2.5 % Konzentrator Photovoltaik.

sich mit kostengünstigen, regenerativen Energiequellen zu beschäftigen. In den Less Developed Countries (LDCs) leben nach wie vor 1.3 Milliarden Menschen ohne direkten Zugang zu elektrischer Energie [1]. Dies wurde ebenfalls bei der Konferenz der Vereinten Nationen über nachhaltige Entwicklung[2] thematisiert. In dem gemeinsamen Abschlusspapier wurde festgelegt, zukünftig die Prinzipien der Green Economy verstärkt anzuwenden [4, 5].

Unter Betrachtung dieser Rahmenbedingungen erscheint die organische Photovoltaik (OPV) geradezu ideal, die genannten Herausforderungen anzugehen. Die OPV besitzt faszinierende Alleinstellungsmerkmale, die sie für verschiedenste Anwendungen geradezu prädestiniert. So sind zum Beispiel für Off-Grid-Installationen in den LDCs die Punkte geringer Anfangsinvest, hohe mechanische Flexibilität, geringes Gewicht, vereinfachte Montage, Unempfindlichkeit gegen Stürze und kostengünstiger Transport anzuführen. Bei der Gebäudeintegration von OPV (*Building-Integrated Photovoltaics*, BIPV) ergeben sich des Weiteren architektonische und gestalterische Vorteile, darunter die Möglichkeit einer semitransparenten Ausführung, Anpassung der Farbe bei gleichzeitig geringen statischen Lasten [6, 7].

Organische Solarzellen (OSC), abgeschieden aus der Flüssigphase, sollen perspektivisch auf schnell laufenden Druckanlagen unter geringem Materialeinsatz sehr kostengünstig produziert werden. Die derzeit diskutierten Konzepte sehen entweder eine Rolle-zu-Rolle-Beschichtung (R2R) auf einer Endlosbahn vor, die mehrere nacheinander geschaltete Stationen durchläuft, eine nicht minder schnelle Bogen-zu-Bogen-Beschichtung (S2S) oder eine Kombination beider Technologien [8]. Am Ende des Produktlebenszykluses steht eine unkomplizierte Entsorgung, da das Bauteil keine toxischen Materialien enthält.

Von Seiten der Industrie besteht bereits heute reges Interesse an der OPV. Es werden strategische Partnerschaften geschlossen, zum Beispiel ThyssenKrupp Steel Europe mit Solliance (2012) [9]. Die wichtigsten Akteure organisieren sich in Interessenverbänden wie der Organic Electronics Association (OE-A) und der FlexTech Alliance, außerdem offerieren spezialisierte Consultants

---

[2]United Nations Conference on Sustainable Development, UNCSD, "Rio+20", 2012

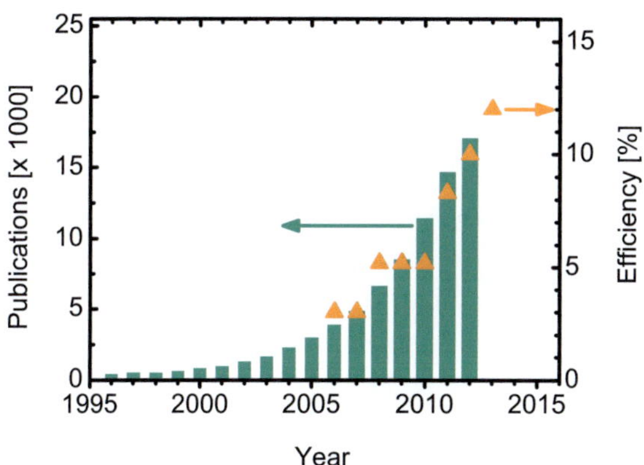

Abb. 1.0.1: Zeitliche Entwicklung der Anzahl der Publikationen im Bereich der organischen Photovoltaik (linke Achse) im Vergleich zu den zertifizierten Rekord-Effizienzen (rechte Achse), Stand März 2013. Effizienzen werden ab dem Jahr 2006 gezeigt. Zuvor waren die aktiven Flächen der Rekord-Solarzellen $< 1\,cm^2$ und werden von den Prüforganisationen nicht als offizielle Rekordwert anerkannt.

wie IDTechEx ihre Expertise und erarbeiten technologische Roadmaps und Marktanalysen.

Trotz all dieser als positiv zu bewertenden Entwicklungen darf nicht vorenthalten werden, dass vielfältige Herausforderungen vor einem Markteintritt bewältigt werden müssen; die Technologie befindet sich heute noch in ihrer Entwicklungsphase [10]. Die meisten Untersuchungen finden im Labormaßstab statt und die Erkenntnisse müssen im nächsten Entwicklungsschritt auf große Flächen übertragen werden. Materialseitig soll das teure und als Rohstoff begrenzte Indium ersetzt werden [11], darüber hinaus muss die Synthese der organischen Halbleiter im industriellen Maßstab erfolgen, um deren Kosten zu reduzieren. Des Weiteren wird an der Erhöhung der Lebensdauer der Bauteile durch immer bessere Verkapselungsverfahren und intrinsisch stabileren Materialien gearbeitet [12–17].

Die offenen Fragen werden auf breiter Front von einer Vielzahl akademischer und industrieller Forschergruppen angegangen. Dies spiegelt sich in der

Anzahl der jährlich erscheinenden Publikationen[3] wieder, siehe Abbildung 1.0.1. Ein besonders eindrucksvolles Indiz für die erreichten Fortschritte liefert der Vergleich mit den erzielten Effizienz-Steigerungen[4]. Beide Kurven zeigen ein kontinuierliches Wachstum und es ist damit zu rechnen, dass die Effizienzen in den nächsten Jahren weiter erhöht werden können.

Die derzeitigen Forschungsaktivitäten lassen sich grob in vier Bereiche einteilen. (i) Die Prozesstechnik, welche unter anderem flexible Substrate, Beschichtung, Trocknung, Strukturierung und Verkapselung umfasst. (ii) Die Entwicklung innovativer Bauteilarchitekturen, die von invertierten Bauteilen über Tandemsolarzellen bis hin zu hybriden Systemen reicht. Ebenfalls werden alternative Elektrodenmaterialien und Zwischenschichten untersucht, auch mit Hinblick auf deren Langzeitstabilität. (iii) Die Entwicklung neuer Absorbermaterialien, wie den Low-Bandgap Absorbern, schmalbandigen Absorbern für Tandemsolarzellen, neuen Fullerenderivaten und Nicht-Fulleren-Akzeptoren. (iv) Die Untersuchung der Morphologie der aktiven Schichten.

1.1 Ziele der Arbeit

Die vorliegende Arbeit befasst sich mit der Analyse und der Optimierung der Morphologie organischer Solarzellen. Daher soll zuerst die Frage erörtert werden, was die Morphologie einer organischen Solarzelle ausmacht. Im Laufe der Diskussion wird ersichtlich, dass der Terminus Morphologie ein Sammelbegriff für verschiedenste, strukturelle Phänomene auf unterschiedlichen Längenskalen darstellt.

Die große Herausforderung besteht darin, organische Solarzellen überhaupt hinreichend charakterisieren zu können, denn die relevanten Längenskalen sind im Bereich von wenigen Ångström bis hin zu einigen 10 nm einzuordnen, dabei kommen viele Analysemethoden an ihre Auflösungsgrenze. Außerdem weisen organische Materialien eine hohe strukturelle Unordnung auf,

---

[3]Die Werte wurden durch eine Abfrage der Scopus-Datenbank im April 2013 ermittelt. Die verwendeten Suchbegriffe waren „Organic Solar Cell" OR „Polymer Solar Cell" OR „Bulk-Heterojunction Solar Cell" OR „Plastic Solar Cell".

[4]Die Rekord-Effizienzen der Jahre 2006 bis 2012 sind den „Solar cell efficiency tables" entnommen [18–24], der Wert des Jahres 2013 einer Pressemitteilung von Heliatek [25].

wodurch die Analyse nochmals komplexer wird. Mit der voranschreitenden Materialentwicklung ändern sich die relevanten strukturellen Parameter und somit auch die zum Einsatz kommenden Analysemethoden.

In den meisten Fällen ist es notwendig, sich ergänzende Analysemethoden zu kombinieren, um belastbare Struktur-Eigenschafts-Beziehungen ableiten zu können. Daher werden in dieser Arbeit neue Analysemethoden entwickelt, um sie in Kombination mit etablierten Methoden zur morphologischen Analyse verschiedener Materialsysteme zu nutzen. Im Mittelpunkt steht das Ziel, ein umfassendes Verständnis für die vielfältigen morphologischen Zusammenhänge zu erarbeiten und die gewonnenen Erkenntnisse mit den Kennwerten organischer Solarzellen zu korrelieren.

1.2 Gliederung der Arbeit

Das Grundlagenkapitel beginnt mit einer Einführung in die Eigenschaften organischer Halbleiter, dabei liegt der Schwerpunkt der Betrachtung auf deren optischen Eigenschaften. Im Anschluss werden die eine Solarzelle beschreibenden elektrischen Parameter eingeführt, die grundlegenden Funktionsprinzipien einer organischen Solarzelle erläutert und der Einfluss der Morphologie der aktiven Schicht auf die Solarzelleneffizienz detailliert diskutiert. Dabei werden die verschiedenen relevanten Längenskalen, die Möglichkeiten zur Beeinflussung der Morphologie und die typischerweise zur Strukturanalyse verwendeten Methoden dargestellt.

Im Folgekapitel werden Aufbau der Solarzellen, Probenpräparation und die vorhandenen Methoden zur Bauteilcharakterisierung beschrieben, unter anderem die Niederenergie High-Angle Annular Dark-Field (HAADF) Scanning Transmission Electron Microscopy, ein elektronenmikroskopisches Abbildungsverfahren, das optimal zur Abbildung kontrastarmer organischer Materialien geeignet ist.

Im dritten Kapitel wird der im Rahmen dieser Arbeit realisierte Quanteneffizienzmessplatz beschrieben, mit dem die spektrale Abhängigkeit der Stromantwort der Solarzelle bestimmt wird.

Im vierten Kapitel wird der Einfluss der Beschichtungstemperatur und einer thermischen Nachbehandlung auf die sich ausbildende Morphologie organischer Solarzellen untersucht. Dabei werden die Ergebnisse der Elektronenmikroskopie und der UV/Vis-Spektroskopie quantitativ ausgewertet und mit den elektrischen Kennwerten der Solarzellen korreliert.

In Kapitel fünf wird ein neuartiges Polymer untersucht, dessen Effizienz durch Hinzugabe eines Prozessadditivs deutlich erhöht wird. Die morphologischen Mechanismen, die zu dieser Verbesserung führen, werden durch 2D GIXD Messungen und elektronenmikroskopische Analysen ergründet.

Im sechsten Kapitel wird zuerst ein allgemeines Konzept zur Auswertung von Ellipsometriemessungen an organischen Donator:Akzeptor Systemen eingeführt, mit dem deren parametrisierte anisotrope dielektrische Funktionen bestimmt werden. Mit dieser Methode werden zwei Low-Bandgap Absorbersysteme ellipsometrisch untersucht. Durch eine detaillierte Analyse der anisotropen Brechungsindizes ist es möglich, ein morphologisches Bild der Polymere und ihrer Mischsysteme zu entwickeln, welches mit dem Ergebnis einer zeitaufgelösten *in-situ* 2D GIXD Messung verglichen wird.

Im letzten Kapitel erfolgt eine Zusammenfassung der Ergebnisse und in einem Ausblick wird der Versuch unternommen abzuschätzen, durch welche morphologischen Parameter die Effizienzen organischer Solarzellen zukünftig weiter gesteigert werden können.[5]

---

[5]Hinweise zum Text: Teilweise sind die englischen Fachbegriffe zur besseren Orientierung mit angegeben oder sie werden ausschließlich verwendet, wenn die deutsche Übersetzung unhandlich ist. Bei ihrer erstmaligen Verwendung werden sie kursiv gesetzt. Abbildungen sind englisch beschriftet und daher erfolgt auch im Text die Dezimaltrennung einheitlich per Punkt. Die Wahl der verwendeten Abkürzungen orientiert sich am Gebrauch derselbigen in wissenschaftlichen Publikationen. Schichtabfolgen werden durch A/B/... beschrieben, Mischsysteme durch A:B.

2 Grundlagen

Ziel dieses Kapitels ist aufzuzeigen, wie die Effizienz einer organischen Solarzelle mit der Morphologie ihrer Absorberschicht korreliert. Da organische Solarzellen sich in ihrer Funktion grundlegend von ihren anorganischen Pendants unterscheiden, erfolgt zu Beginn des Kapitels eine Einführung in die Chemie und Physik organischer Halbleiter, um im Folgeabschnitt die grundlegenden Funktionsprinzipien einer organischen Solarzelle zu erläutern. An Hand der dabei identifizierten Schlüsselparameter ergibt sich eine direkte Verknüpfung zwischen Morphologie und Effizienz der Solarzelle. Der Term Morphologie umfasst strukturelle Eigenschaften verschiedenster Längenskalen, die in vielfältiger Weise durch die Prozessparameter beeinflusst werden können. In Kombination mit dem meist geringen Kontrast zwischen unterschiedlichen organischen Materialien ergeben sich enorme analytische Herausforderungen. Das Kapitel schließt mit einer Übersicht über die zur Verfügung stehenden Analysemethoden.

2.1 Organische Halbleiter

Die chemische Struktur organischer Halbleiter zeichnet sich durch eine alternierende Abfolge von einfachen und doppelten Kohlenstoff-Kohlenstoff-Bindungen aus. Durch diese Konjugation sind die π-Elektronen entlang der Kohlenstoffkette delokalisiert. In diesem Kapitel werden die grundlegenden physikalisch-chemischen Eigenschaften dieser Materialklasse erläutert, um dann detaillierter die optischen Eigenschaften von isolierten Molekülen und molekularen Aggregaten zu diskutieren. Die Analyse des optischen Verhaltens molekularer Aggregate aus Poly(3-hexylthiophen-2,5-diyl) (P3HT) gibt einen Einblick, wie die molekulare Struktur und Absorptionsspektren

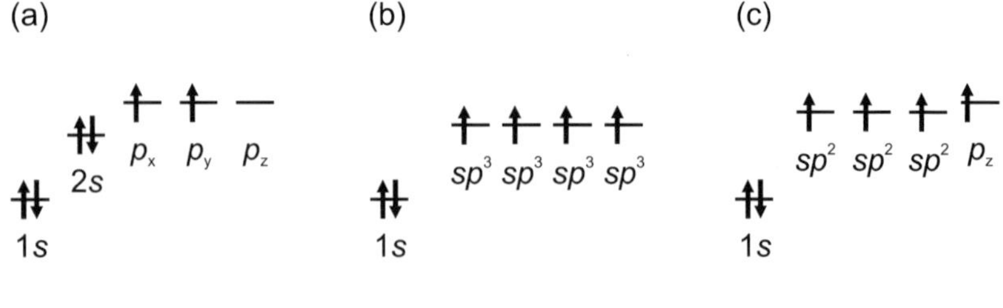

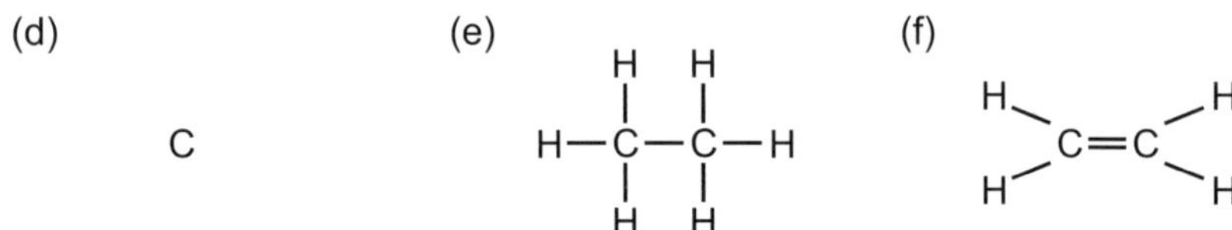

Abb. 2.1.1: Elektronenkonfiguration von Kohlenstoff im (a) Grundzustand und in den Hybridisierungen (b) sp^3 und (c) sp^2. Die Hybridorbitale sind eine Überlagerung der s- und p-Orbitale der 2. Atomschale. (d) Ungebundener Kohlenstoff in seinem Grundzustand. (e) Ethan. Der Kohlenstoff besitzt vier Einfachbindungen, alle Valenzelektronen sind sp^3-hybridisiert. (f) Ethen. Die Doppelbindung besteht aus einem sp^2-hybridisierten Elektronenpaar, der σ-Bindung, und einem p_z-Elektronenpaar, der π-Bindung. Dabei sind die p_z-Orbitale senkrecht zu dem flachen Ethen-Molekül orientiert. (a) - (c) nach [26].

eines konjugierten Polymers voneinander abhängig sind. In Kapitel 5.3.2 wird auf diese Korrelation zurück gegriffen. Zum Ende des vorliegenden Kapitels erfolgt eine Einführung in die elektrischen Eigenschaften der organischen Halbleiter.

2.1.1 Chemische Struktur und Konjugation

Die Leitfähigkeit organischer Halbleiter erklärt sich durch ihre charakteristische chemische Struktur und die chemischen Eigenschaften kovalent gebundener Kohlenstoff-Atome. Daher ist es zunächst sinnvoll, die relevanten Elektronenkonfigurationen von Kohlenstoff zu beschreiben. Ungebundener Kohlenstoff liegt in seinem Grundzustand in einer $1s^2 2s^2 2p^2$ Konfiguration vor, Abbildung 2.1.1a, dabei befinden sich vier Valenzelektronen in der $n = 2$ Atomschale. In gebundenen Kohlenstoff-Atomen bilden diese Valenzelektronen Hy-

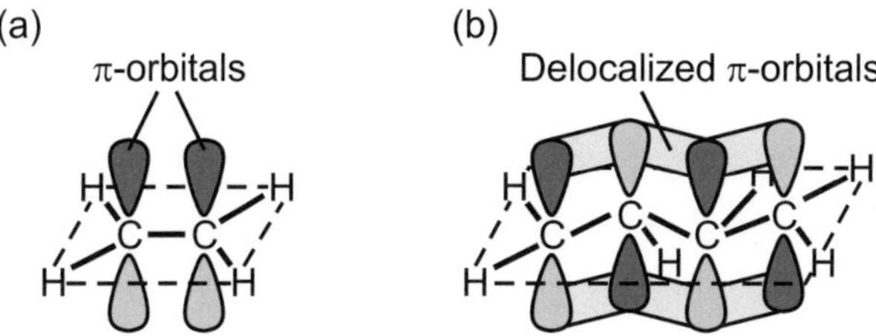

Abb. 2.1.2: (a) Ethen. Das Kohlenstoff- und das Wasserstoffatom liegen innerhalb einer Ebene, die von σ-Bindungen aufgespannt wird. Die π-Orbitale ragen senkrecht aus dieser Ebene heraus. Darstellung nach [27]. (b) 1,3-Butadien (C_4H_6). Die π-Elektronen bilden ein delokalisiertes Orbital im unteren und oberen Halbraum.

bridorbitale. In Abbildung 2.1.1b,c sind die Elektronenkonfigurationen für die Hybridisierungen sp^3 und sp^2 schematisch dargestellt. Als anschauliches Beispiel für diese zwei Arten der Hybridisierung dienen die Verbindungen Ethan (C_2H_6) und Ethen (C_2H_4).

In Ethan, Abbildung 2.1.1e, liegen die vier Valenzelektronen des Kohlenstoffs in einer sp^3-Hybridisierung vor. Zusammen mit den $1s$ Elektron des Wasserstoffs beziehungsweise dem Valenzelektron des zweiten Kohlenstoffs bilden sie je eine σ-Bindung. Diese Einfachbindung zwischen den Kohlenstoffatomen ist charakteristisch für eine sp^3-Hybridisierung.

In Ethen, Abbildung 2.1.1f, sind drei Valenzelektronen des Kohlenstoffs sp^2-hybridisiert, das vierte Elektron bleibt zunächst im p_z-Orbital. Die σ-Bindungen zwischen dem Kohlenstoff und seinen zwei Wasserstoff-Atomen bestehen jeweils aus einem sp^2-hybridisierten Elektron und dem $1s$ Elektron des Wasserstoffs. Die Doppelbindung der Kohlenstoffatome besteht aus zwei unterschiedlichen Bindungstypen, der stärkeren σ-Bindung der sp^2-Elektronen und der schwächeren π-Bindung, bestehend aus den π-Elektronen der p_z-Orbitale [26, 27].

In ihrer räumlichen Struktur unterscheiden sich Ethan und Ethen merklich. Während Ethan aus zwei zueinander verdrehten, tetraedrischen Einheiten besteht, ist Ethen ein flaches Molekül. Seine Atome und die sp^2-Orbitale befinden sich in einer Ebene, aus der beidseitig die p_z-Orbitale ragen und die π-Orbitale aufspannen, Abbildung 2.1.2a. Ethen ist starr gegen eine Verdrehung der Kohlenstoffatome.

Im Folgenden werden längere lineare Moleküle betrachtet, die eine alternierende Abfolge von Einfach- und Doppelbindungen aufweisen. Als Beispiel wird das Molekül 1,3-Butadien (C_4H_6) gewählt, Abbildung 2.1.2b. 1,3-Butadien ist ebenfalls ein flaches Molekül. Jedes seiner Kohlenstoffatome besitzt ein p_z Valenzelektron, das ähnlich dem Ethen zur Bildung eines π-Molekülorbitals[1] (MO) beiträgt. Die alternierende Abfolge von Einfach- und Doppelbindungen führt zu einer über viele Atome delokalisierten π-Bindung. Die π-Elektronen können sich innerhalb des π-MO frei bewegen. Das Molekül ist konjugiert.

In größeren Molekülen als dem 1,3-Butadien erfährt die Wellenfunktion der π-Elektronen eine räumliche Verbreiterung, sie ist stärker delokalisiert. Dadurch werden, in Analogie zu einem quantenmechanischen Potentialtopf, die Energieniveaus abgesenkt und die Übergangsenergien reduziert. Bei einer hinreichenden Delokalisierung werden elektronische Übergänge im sichtbaren Spektralbereich beobachtet.

Wenn konjugierte Moleküle zu einem organischen Festkörper kondensieren, erfolgt die intermolekulare Bindung über Van-der-Waals-Kräfte. Verglichen mit den kovalenten, intramolekularen Bindungen ist diese Art der Bindung relativ schwach. Daraus resultiert der niedrige Schmelzpunkt T_S und die weiche Struktur der konjugierten Polymere [27].

In organischen Solarzellen finden meistens konjugierte Polymere Verwendung, die aus konjugierten, cyclischen Monomereinheiten aufgebaut sind. Ihre Beschreibung erfolgt in Analogie zu den hier beschriebenen linearen Molekülen.

---

[1]Es sei darauf hingewiesen, dass der Begriff Orbital sowohl für die Molekülorbitale als auch für die Atomorbitale (AO) verwendet wird.

2.1.2 Optische Eigenschaften

2.1.2.1 Moleküle

Zur Beschreibung der optischen Eigenschaften konjugierter Moleküle wird nochmals das Molekül Ethen als einfaches Beispiel herangezogen. Die beiden p_z-Orbitale spalten jeweils in ein bindendes π-Orbital und ein antibindendes π^*-Orbital auf. Wenn sich das Ethen im Grundzustand befindet, besetzen beide π-Elektronen das energetisch tiefere π-Orbital. Ein sogenannter $\pi \rightarrow \pi^*$ Übergang in das π^*-Orbital findet statt, wenn das Molekül eine elektrische oder optische Anregung erfährt. In konjugierten Systemen erfolgt diese Anregung typischerweise durch Licht im UV/Vis-Bereich [28].

Neben dem π-Orbital erfährt auch das σ-Orbital eine Aufspaltung. Jedoch ist die für einen $\sigma \rightarrow \sigma^*$ Übergang benötigte Anregungsenergie deutlich höher und liegt im Bereich des Vakuum-UV [28]. Da in der vorliegenden Arbeit die optischen Eigenschaften organischer Halbleiter im sichtbaren Spektralbereich betrachtet werden, wird sich die Diskussion im Folgenden auf die $\pi \rightarrow \pi^*$ Übergänge und deren Spektren beschränken.

Werden größere Moleküle als das eingangs erwähnte Ethen betrachtet, so zeigt sich, dass die Orbitale weiter aufspalten, eine Vielzahl wechselwirkender Molekülorbitale entsteht und sich schließlich eine Bandlücke ausbildet. Dies führt zu einer Situation ähnlich dem Bändermodell anorganischer Halbleiter. In Abgrenzung dazu wird für die organischen Halbleiter eine abweichende Terminologie gewählt. Das energetisch höchste, noch gefüllte Orbital wird als HOMO Niveau (*Highest Occupied Molecular Orbital*) bezeichnet, das darauffolgende unbesetzte Niveau als LUMO (*Lowest Unoccupied Molecular Orbital*). In konjugierten Systemen entspricht das HOMO Niveau dem π-Orbital, das LUMO-Niveau dem π^*-Orbital.

Im Grundzustand S_0 sind die Spins der Elektronenpaare einer π-Bindung antiparallel orientiert, der Gesamtspin beträgt $S = 0$. Unter Absorption eines Photons kann ein Molekül beziehungsweise eine molekulare Einheit in den Zustand S_1 angeregt werden. Da der Gesamtspin des Systems eine Erhaltungsgröße ist, bleibt sein Spin dabei erhalten. Folglich ist S_1 ein Singulett-Zustand. Ebenfalls aus Gründen der Spinerhaltung ist eine direkte

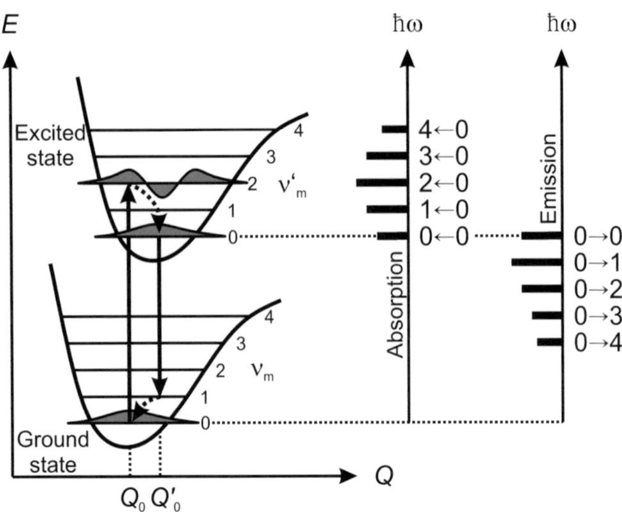

Abb. 2.1.3: Links: Konfigurationsdiagramm. Schematische Darstellung der Potentialkurven für zwei elektronische Zustände eines zweiatomigen Moleküls. Die vibronischen Übergänge zwischen den Zuständen sind durch vertikale Pfeile gekennzeichnet. Die x-Achse zeigt die verallgemeinerte Koordinate Q, die Konfigurationskoordinate. Die Orte Q_0 und Q'_0 bezeichnen die Gleichgewichtslagen im Grundzustand S_0 und im ersten angeregten Zustand S_1. Die Vibrationsniveaus sind mit v_m und v'_m bezeichnet. Des Weiteren sind beispielhaft drei Vibrationswellenfunktionen (grau) gezeigt. Die Intensität eines vibronischen Übergangs ist proportional zum Quadrat des Vibrations-Überlappungsintegrals (Franck-Condon-Faktor) der am Übergang beteiligten Zustände. Rechts sind schematisch die resultierenden Absorptions- und Emissionsspektren gezeigt. In realen Materialien erfahren diese diskreten Spektren meistens eine Verbreiterung.

optische Anregung des Moleküls in den Triplett-Zustand T_1 mit $S = 1$ nicht erlaubt. Daher werden im Gegensatz zu organischen Leuchtdioden (OLED) in organischen Solarzellen meistens keine Triplett-Zustände beobachtet.

Zusätzlich zu den elektronischen Zuständen S_i wird in den Spektren konjugierter Moleküle eine Feinstruktur beobachtet. Sie erklärt sich durch die Vibration der Atome im Molekül und aus der Quantisierung der Vibrationszustände. Da sich meistens mit dem elektronischen Übergang der vibratorische Zustand eines Moleküls ändert, wird deren Kopplung zusammenfassend als vibronischer Übergang bezeichnet [27]. Dies ist in Abbildung 2.1.3 veranschaulicht.

Ein Molekül, das sich im Grundzustand S_0 im Vibrationsniveau v_0 befindet, wird durch optische Anregung innerhalb von 10^{-15} s in den angeregten Zustand S_1 angehoben. Dabei ändert sich seine Konfigurationskoordinate Q_0 vorerst nicht. In dem in Abbildung 2.1.3 gezeigten Konfigurationsdiagramm wird das Molekül mit der höchsten Wahrscheinlichkeit in das Niveau v_2' übergehen, da dessen Vibrationswellenfunktion ein Maximum bei Q_0 besitzt – genau wie die Wellenfunktion von v_0. Es ergibt sich eine diskrete Verteilung von Absorptionsbanden wie im rechten Bereich von Abbildung 2.1.3 skizziert. Auf einer Zeitskala von 10^{-12} s relaxiert das Molekül strahlungslos in den Zustand v_0' und verliert dabei einen Teil seiner Energie. Der Kernabstand ändert sich zu Q_0'.

Des Weiteren hinterlässt ein ins LUMO-Niveau angeregtes Elektron im HOMO-Niveau ein Loch. Durch die im Vergleich zu anorganischen Halbleitern geringere dielektrische Konstante $\varepsilon_r \approx 3...4$ ist die Coulomb-Bindungs-Energie

$$E = \frac{e^2}{4\pi\varepsilon_0\varepsilon_r d} \qquad (2.1.1)$$

zwischen Elektronen und Löchern vergleichsweise hoch [29]. In Gleichung 2.1.1 ist e die Elementarladung, ε_0 die elektrische Feldkonstante und d der Abstand zwischen beiden Ladungsträgern. Das Ladungsträgerpaar bildet einen auf einem einzelnen Molekül lokalisierten, gebundenen Zustand, das sogenannte Frenkel-Exziton mit typischen Bindungsenergien von $0.3 - 1.0$ eV [30–32]. Um freie Ladungsträger zu generieren, muss das Exziton zuerst räumlich getrennt werden. Dieser für OSCs wichtige Dissoziations-Prozess wird in Abschnitt 2.2.2 detailliert betrachtet.

Falls keine Dissoziation erfolgt, relaxiert das Molekül innerhalb von 10^{-9} s unter Emission eines Photons nach S_0. Dort wird es ebenfalls wieder ein Vibrationsniveau v_m besetzen, das eine hohe Aufenthaltswahrscheinlichkeit bei Q_0' besitzt, hier v_1. Von dort erfolgt ein strahlungsloser Übergang nach v_0. Das resultierende Emissionsspektrum in Abbildung 2.1.3 zeigt die schematische Verteilung der relativen Intensitäten.

Die Differenz zwischen den Schwerpunkten des Absorptions- und Emissionsspektrums wird als Stokesverschiebung bezeichnet.

Die quantenmechanische Beschreibung dieser vibronischen Übergänge erfolgt unter Anwendung des Franck-Condon-Prinzips. Dabei wird, ähnlich der Born-Oppenheimer-Näherung, angenommen, dass die Bewegung des schweren Atomkerns unabhängig von der Bewegung des Elektrons sei. Die vibronische Wellenfunktion $\Psi_{i,m}$ lässt sich daher als Produkt der elektronischen Wellenfunktion ψ_i und der Vibrationswellenfunktion φ_m darstellen.

$$\Psi_{i,m}\left(\mathbf{r},Q\right) = \psi_i\left(\mathbf{r}\right)\varphi_m\left(Q - Q_0\right) \tag{2.1.2}$$

Die Intensität I eines vibronischen Übergangs ist dann proportional zum Quadrat des Vibrations-Überlappungsintegrals der am Übergang beteiligten Zustände $\Psi_{i,m}$ und $\Psi'_{i,m}$:

$$I \propto \left| \left\langle \varphi_{m'}\left(Q'_0\right) \middle| \varphi_m\left(Q_0\right) \right\rangle \right|^2 . \tag{2.1.3}$$

Dieses Betragsquadrat wird als Franck-Condon-Faktor bezeichnet. Der Abstand zwischen Q_0 und Q'_0 lässt sich quantitativ mit dem dimensionslosen Huang-Rhys-Faktor S beschreiben:

$$S = \frac{\frac{1}{2}\mu\Omega^2\left(Q'_0 - Q_0\right)^2}{\hbar\Omega} \tag{2.1.4}$$

mit der Masse μ und der Kreisfrequenz Ω des Vibrationsoszillators. S ist ein Maß für die Kopplungsstärke zwischen dem elektronischen Übergang und den Schwingungsfreiheitsgraden im Molekül [27]. Des Weiteren können mit dem Huang-Rhys-Faktor S die relativen Intensitäten der vibronischen Übergänge des Emissionsspektrums (Photolumineszenz, PL) eines einzelnen konjugierten Moleküls in der Form

$$I_{0\to m} \propto \left(\hbar\omega\right)^3 n^3 \frac{S^m \exp\left(-S\right)}{m!} \tag{2.1.5}$$

angeben werden. Dabei ist n der Realteil des komplexen Brechungsindexes N bei der Photonenenergie $\hbar\omega$ [33].

2.1.2.2 Molekulare Aggregate

Im Abschnitt 2.1.1 wurde dargestellt, dass konjugierte Moleküle lokalisierte, elektronische Zustände aufweisen und die intermolekularen Wechselwirkungen vergleichsweise schwach sind. Infolgedessen ähneln die optischen Eigenschaften molekularer Aggregate in erster Näherung oft den Eigenschaften ihrer molekularen Bausteine [27, 30].

Bei genauerer Betrachtung zeigt sich, dass aus den Absorptionsspektren der in organischen Solarzellen verwendeten konjugierten Polymere Rückschlüsse auf deren molekulare Ordnung gezogen werden können. Oft beruhen die gefundenen Korrelationen auf phänomenologischen Beobachtungen. Ein Beispiel dafür ist die Abnahme der niederenergetischen Schulter im Absorptionsspektrum von Poly{[4,4'-bis(2-ethylhexyl)dithieno(3,2-b;2',3'-d)silole]-2,6-diyl-*alt*-(2,1,3-benzothidiazole)-4,7-diyl} (PSBTBT) in Chlorbenzol-Lösung (CB-Lösung) mit zunehmender Verdünnung, die durch eine reduzierte Polymeraggregation erklärt wird [34].

Eine Ausnahme von dieser phänomenologischen Betrachtungsweise bildet das Polymer P3HT für das Frank C. Spano 2005 ein Modell entwickelte, das die Absorptions- und Emissionsspektren korrekt beschreibt [33, 35–37]. Für die im Verlauf dieser Arbeit untersuchten Polymere existieren bis dato keine vergleichbaren Beschreibungen. Da die in der vorliegenden Arbeit untersuchten Materialien jedoch oft ein qualitativ ähnliches Verhalten wie P3HT aufweisen, werden im Folgenden die Eigenschaften von schwachwechselwirkenden H-Aggregaten beschrieben, um in der späteren Diskussion der Ergebnisse in Analogie argumentieren zu können.

Der Begriff H-Aggregat bezeichnet ein eindimensionales Aggregat von Molekülen. Während die Übergangsdipolmomente der Konstituenten parallel zueinander angeordnet sind, verläuft die Aggregathauptachse senkrecht zu den Übergangsdipolmomenten. Das Spektrum eines H-Aggregats ist gegenüber dem seiner Konstituenten blauverschoben. Dieser hypsochrome Effekt gibt dem H-Aggregat seinen Namen. Das Gegenstück zu den H-Aggregaten sind J-Aggregate. Hierbei sind die Übergangsdipolmomente ebenfalls parallel orientiert, jedoch ist die Aggregathauptachse parallel zu den

Übergangsdipolmomenten orientiert. Das Spektrum ist rotverschoben und in seiner Breite reduziert. Der Name J-Aggregate ist zurückzuführen auf ihre erstmalige Beschreibung im Jahr 1936 durch Edwin E. Jelley [38].

In idealen H-Aggregaten mit verschwindender energetischer Unordnung sind die Übergänge 0–0 verboten und die intermolekulare Kopplung ist resonanter exzitonischer Natur [33, 39]. Die Stärke der Kopplung wird mit J quantifiziert. Mit abnehmendem molekularen Abstand nimmt J zu, während mit zunehmender Konjugationslänge J eine Reduktion erfährt [33]. Da P3HT einerseits einen geringen molekularen Abstand aufweist, siehe Kapitel 2.3.1.2, aber gleichzeitig eine große Konjugationslänge besitzt, wird von einer schwachen exzitonischen Kopplung gesprochen. In diesem Energiebereich ist J kleiner als die Vibrationsrelaxationsenergie und die Aggregate zeigen vibronische Seitenbanden in ihren Spektren. Die freie Exzitonen-Bandbreite W ist definiert als [33, 35]

$$W = 4J. \tag{2.1.6}$$

Spano hat in seiner Arbeit gezeigt, dass das Verbot der 0–0 Übergänge abgeschwächt wird, wenn zusätzlich eine energetische Unordnung der Konstituenten der H-Aggregate berücksichtigt wird [35]. Die energetische Unordnung wird unter anderem auf eine variierende Konjugationslänge der einzelnen Polymere, bedingt durch lokale Defekte, zurückgeführt [40]. Formal wird sie durch eine gaußförmige Verteilung der molekularen Übergangsfrequenzen aller Konstituenten behandelt. Die Stärke der Unordnung σ wird durch die Linienbreite der Gauß-Funktion Γ beschrieben [36].

Im Emissionsspektrum äußert sich diese Unordnung in einer schwachen $0 \rightarrow 0$ Komponente, der im weiteren spektralen Verlauf Franck-Condon-artige Seitenbanden folgen. Gleichung 2.1.5 lässt sich für schwach-wechselwirkende H-Aggregate unter Berücksichtigung der räumlich korrelierten Unordnung zu

$$
\begin{aligned}
I(\omega) \ \propto \ & (\hbar\omega)^3 n^3 \exp(-S) \\
& \times \left[\alpha\Gamma(\hbar\omega - E_0) + \sum_{m=1} \frac{S^m}{m!}\Gamma\left(\hbar\omega - (E_0 - mE_\mathrm{p})\right) \right]
\end{aligned}
\tag{2.1.7}
$$

modifizieren, siehe auch Turner et al. [41]. E_0 ist die Energie der $0 \rightarrow 0$

Komponente und E_p die Energie der symmetrischen $C = C$ Schwingung (0.18 eV) [37]. Die Konstante α beschreibt die 0–0 Intensität der Emission und besitzt durch ihre Abhängigkeit von der Breite der Unordnung σ und deren räumlicher Korrelationslänge l_0 eine deutliche Temperaturabhängigkeit [35, 37]. Der Huang-Rhys-Faktor für P3HT bleibt beim Übergang von hochverdünnter Lösung in einen aggregierten Zustand nahezu unverändert ($S \approx 1$), wie es für schwach wechselwirkende H-Aggregate zu erwarten ist.

Das Modell der schwach gekoppelten H-Aggregate lässt sich ebenfalls verwenden, um über das Absorptions-Amplitudenverhältnis die freie Exzitonen-Bandbreite W beziehungsweise die Stärke der intermolekularen Kopplung J zu bestimmen [37]:

$$\frac{A_{0\leftarrow 0}}{A_{0\leftarrow 1}} \approx \frac{n_{0\leftarrow 0}}{n_{0\leftarrow 1}} \left(\frac{1 - 0.24 W/E_p}{1 + 0.073 W/E_p} \right)^2 . \tag{2.1.8}$$

In die Berechnung fließt der Realteil n des komplexen Brechungsindexes an der spektralen Position des Absorptionspeaks $m \leftarrow 0$ mit ein.

In Abhängigkeit von dem verwendeten Lösemittel wurden aus Absorptionsspektren von P3HT-Filmen $W \sim 120\,\text{meV}$ in Chloroform beziehungsweise $W \sim 20\,\text{meV}$ in Isoduren ($C_{10}H_{14}$) bestimmt. Wie bereits diskutiert, ist ein niedriger Wert für W bei vergleichbarem intermolekularem Abstand gleichbedeutend mit einer erhöhten Konjugationslänge. So führt die Abscheidung aus Isoduren, dem Lösemittel mit dem höheren Siedepunkt, zu einer Erhöhung der intramolekularen Ordnung. Eine vollständige Analyse des spektralen Verlaufs der Absorption unter Berücksichtigung energetischer Unordnung ergibt $\sigma = 0.113\,\text{eV}$ in Chloroform und $\sigma = 0.097\,\text{eV}$ in Isoduren [33]. Abscheidung aus Isoduren reduziert folglich auch die energetische Unordnung.

Um das experimentelle Absorptionsspektrum eines P3HT-Films vollständig zu beschreiben, muss für Energien größer 2.3 eV eine zusätzliche Absorption durch nicht-aggregierte Moleküle oder kürzere Polymer-Segmente berücksichtigt werden [33].

Wie eingangs erwähnt, existiert bis zum heutigen Zeitpunkt nur das Modell von Spano, welches es erlaubt, die Spektren von P3HT zu beschreiben und auszuwerten. Für weiterentwickelte Materialien, wie sie in den Kapiteln

6 und 7 untersucht werden, ist eine solche Beschreibung bisher nicht verfügbar. Da jedoch Aggregationsverhalten, intermolekulare Abstände und Konjugationslängen dieser neuen Materialien oft dem Verhalten von P3HT ähneln, lassen sich die Spektren ihrer $\pi \to \pi^*$ Übergänge oft qualitativ in Analogie zu P3HT interpretieren.

2.1.3 Ladungstransport

Die molekularen Mobilitäten isolierter, idealer, organischer Halbleiter werden durch ihr delokalisiertes π-Elektronensystem bestimmt und können durchaus mit den Werten anorganischer Halbleiter konkurrieren. So wurden zum Beispiel für organische Halbleiter in Lösung Mobilitäten μ von nahezu $600\,\mathrm{cm}^2/\mathrm{Vs}$ gemessen [42].

Betrachtet man hingegen einen organischen Festkörper, so ist die intermolekulare Mobilität drastisch durch die molekulare Unordnung reduziert; dazu zählen zum Beispiel torsionale Verdrehung und Knäuel-Bildung. Die Wechselwirkung mit Polymerketten in der Umgebung reduziert die effektive Konjugationslänge weiter, was ebenfalls mit einer Reduktion der intermolekularen Mobilität einhergeht. Der makroskopische, intermolekulare Ladungstransport im organischen Festkörper wird physikalisch mittels Tunnelwahrscheinlichkeiten zwischen den konjugierten Segmenten beschrieben, einem Hopping-Transport [43]. Da die intermolekularen Transportprozesse langsamer als die intramolekularen Prozesse ablaufen, sind sie der limitierende Faktor für die Gesamtmobilität im molekularen Festkörper.

Die höchsten, bisher gemessenen Mobilitäten organischer Festkörper von $40\,\mathrm{cm}^2/\mathrm{Vs}$ wurden an hochreinen, molekularen Kristallen bestimmt [44]. Da in den lichtabsorbierenden Schichten OSCs meist Polymer:Fulleren-Mischsysteme mit geringer molekularer Ordnung zum Einsatz kommen, siehe Abschnitt 2.2.2.4, liegen die typischen Mobilitäten im Bereich von $10^{-8}\,\mathrm{cm}^2/\mathrm{Vs}$ bis $10^{-3}\,\mathrm{cm}^2/\mathrm{Vs}$. Diese Mobilitäten sind um viele Größenordnungen geringer als die derjenigen Materialien, die in anorganischen Solarzellen ihre Verwendung finden, und haben daher einen stärkeren Einfluss auf die in organischen Solarzellen dominierenden Verlustprozesse, siehe Abschnitt 2.2.2.5.

Des Weiteren führt die Anwesenheit von Ladungsträgern in einem organischen Halbleiter zu einer Veränderung der umgebenden molekularen Struktur. Um den Unterschied zu einem freien Ladungsträger, der nicht mit seiner Umgebung wechselwirkt, zu betonen, wird von einem Quasiteilchen, dem Polaron, gesprochen.

2.2 Organische Solarzellen

Durch die kontinuierliche Weiterentwicklung der organischen Solarzellen während des letzten Jahrzehnts hat die OPV ihre akademische Nische verlassen und ist heute auf dem Weg zur Wettbewerbsfähig mit den am Markt etablierten Solarzellentechnologien der 1. und 2. Generation [25, 45]. Dies war am Anfang der Entwicklung nicht abzusehen. Erste photovoltaische Bauteile mit Polymer- oder Farbstoffabsorbern in den 1960er Jahren hatten Effizienzen kleiner 0.1 % [46]. Eine dem heutigen Stand der Technik entsprechende OSC hat mit diesen rudimentären Bauteilen nur noch wenig gemeinsam.

Zu Beginn des nachfolgenden Abschnittes werden zur Festlegung einer einheitlichen Terminologie das Diodenmodell und die charakteristischen Kenngrößen organischer Solarzellen beschrieben. Danach erfolgt eine systematische Einführung in die komplexe Funktionsweise von OSCs anhand der bisherigen technischen Entwicklung. Dies umfasst die Beschreibung der Energieniveaus in den verschiedenen Betriebszuständen, die Bauteil-Architektur, Mehrkomponenten-Absorber, die ablaufenden photophysikalischen Prozesse und eine Betrachtung der möglichen Rekombinationsmechanismen.

2.2.1 Fundamentale elektrische Beschreibung

2.2.1.1 Diodenmodell und Ersatzschaltbild

Der Strom-Spannungs-Verlauf organischer Solarzellen im Gleichgewichtszustand wird in guter Näherung durch das Dioden-Modell beschrieben. Darin ergibt sich die spannungsabhängige Gesamtstromdichte J einer beleuchteten

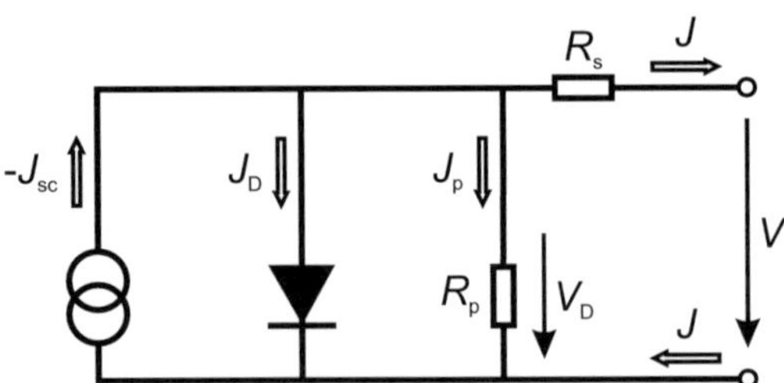

Abb. 2.2.1: Das elektrische Verhalten eine Solarzelle wird in diesem Ersatzschaltbild durch eine Quellstromdichte J_{sc}, einem Diodenanteil J_D, einem Serienwiderstand R_s und einem Parallelwiderstand R_p beschrieben. Über R_p fällt die gleiche Spannung V_D wie über der Diode und der Quelle ab. Extern wird an dem Bauteil die Spannung V abgegriffen. Skizze nach [47].

Solarzelle durch Addition von drei Komponenten: Einem Diodenterm, der das Verhalten einer unbeleuchteten Diode beschreibt, einem beleuchtungsabhängigen Quellterm J_{sc} (im Folgenden Kurzschlussstromdichte genannt) gemessen bei $V = 0\,\text{V}$ und einem Ausdruck zur Berücksichtigung von Serienwiderstand R_s und Parallelwiderstand R_p. Eine Modifikation erfährt das Modell durch Einführung des Diodenidealitätsfaktors κ, der typischerweise Werte zwischen 1 und 2 annimmt. Durch Anpassung von κ wird der Einfluss der unterschiedlichen Rekombinationsmechanismen auf das Verhalten der Solarzelle beschrieben:

$$J = \underbrace{J_{\text{rev}}\left[\exp\left(\frac{V - JR_s}{\kappa k_B T}\right) - 1\right]}_{\text{Diodenterm } j_D} + \underbrace{J_{sc}}_{\text{Quell- oder Kurzschlußstromdichte}} + \underbrace{\frac{V - JR_s}{R_p}}_{\text{Widerstände}} \tag{2.2.1}$$

mit der Sperrsättigungsstromdichte J_{rev}, der Boltzmann-Konstante k_B und der Temperatur T [47]. Das korrespondierende elektrische Ersatzschaltbild ist in Abbildung 2.2.1 dargestellt.

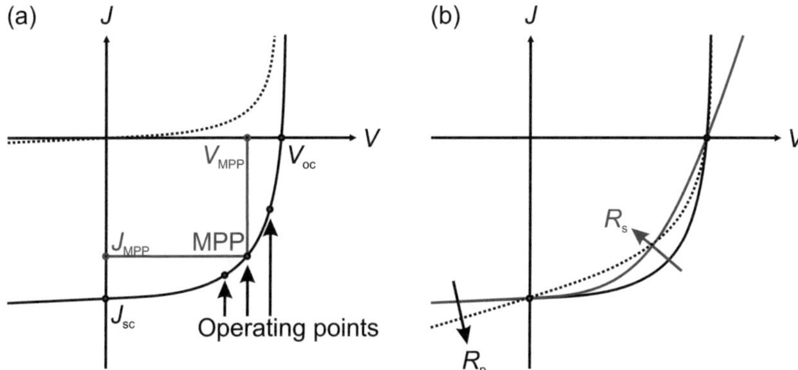

Abb. 2.2.2: (a) $J - V$ Kennlinie einer Solarzelle unter Beleuchtung (durchgezogene Linie) und im Dunkeln (gestrichelte Linie). Der Schnittpunkt der Hellkennlinie mit der y-Achse ergibt die Leerlaufspannung V_{oc}, der Schnittpunkt mit der x-Achse die Kurzschlussstromdichte J_{sc}. Die Solarzelle kann bei verschiedenen Arbeitspunkten betrieben werden, die maximale Leistung fällt am *Maximum Power Point* (MPP) an. (b) Einfluss des Serienwiderstandes R_s und des Parallelwiderstandes R_p auf das Verhalten der Kennlinie. Darstellung nach [47, 48].

2.2.1.2 Stromdichte-Spannungs-Kennlinie und elektrische Kenngrößen

Mit Gleichung 2.2.1 lässt sich der in Abbildung 2.2.2a skizzierte Verlauf der Stromdichte über der Spannung ($J - V$ Kennlinie) einer beleuchteten Solarzelle herleiten, die sogenannte Hellkennlinie. Um eine unbeleuchtete Solarzelle zu beschreiben, wird $J_{sc} = 0$ gesetzt; daraus resultiert die Dunkelkennlinie. Der linke Teil der $J - V$ Kennlinie mit $V < 0\,\mathrm{V}$ wird als Rückwärtsrichtung oder Sperrrichtung bezeichnet, der rechte Teil mit $V > 0\,\mathrm{V}$ als Vorwärtsrichtung beziehungsweise Durchlassrichtung.

Die maximale Stromdichte, die durch eine beleuchtete Solarzelle im Betrieb fließt, ist die Kurzschlussstromdichte J_{sc}. Zur Messung werden die Elektroden miteinander verbunden und deren elektrochemischen Potentiale gleichen sich energetisch zueinander an. Der dann fließende Strom J_{sc} ist einerseits proportional zur Beleuchtungsintensität, andererseits erlaubt er, Rückschlüsse auf die Effizienz der Ladungstrennung und des Ladungstransportes zu ziehen. Die Leerlaufspannung V_{oc} ist die maximal abgreifbare Spannung der Zelle. Wenn sie anliegt, kommt der Stromfluss zum Erliegen. V_{oc} ist durch die verwendeten Materialien limitiert. Eine genauere Betrachtung der zugrunde liegenden Prozesse erfolgt in Kapitel 2.2.2.1. Mit den Kenngrößen J_{sc} und V_{oc} werden Solarzellen charakterisiert und verglichen, jedoch wird eine reale Solarzelle nicht bei diesen Arbeitspunkten betrieben.

Im realen Betrieb wird der Arbeitspunkt der Solarzelle vom elektrischen Widerstand des angeschlossenen Verbrauchers bestimmt. Die Wertepaare, die Strom und Spannung annehmen können, sind durch die Kennlinie der Solarzelle vorgegeben. Die maximale Leistung P_{MPP} wird am *Maximum Power Point* (MPP) erzielt. Die dem MPP zugeordneten Stromdichte- und Spannungswerte heißen J_{MPP} und V_{MPP}. Damit bestimmt sich der Füllfaktor FF zu

$$FF = \frac{J_{MPP} \cdot V_{MPP}}{J_{sc} \cdot V_{oc}} = \frac{P_{MPP}}{P_{max}}, \qquad (2.2.2)$$

der ein Maß für die „Eckigkeit" der Kennlinie ist und Werte zwischen 0 und 1 annehmen kann. Die Effizienz der Solarzelle η leitet sich aus dem Verhältnis zwischen eingestrahlter optischer Leistung P_{solar} und maximal entnehmbarer elektrischer Leistung P_{MPP} ab:

$$\eta = \frac{P_{\text{MPP}}}{P_{\text{solar}}} = \frac{FF \cdot J_{\text{sc}} \cdot V_{\text{oc}} \cdot A}{P_{\text{solar}}} = \frac{FF \cdot J_{\text{sc}} \cdot V_{\text{oc}}}{I_{\text{solar}}} \tag{2.2.3}$$

Dabei ist A die beleuchtete Fläche der Solarzelle. Unter Standardtestbedingungen (STC) wird die Solarzelle mit einer Bestrahlungsstärke von $I_{\text{solar}} = 100\,\text{mW/cm}^2$ bestrahlt. Das Messverfahren wird in Kapitel 3.3.1 näher beschrieben.

Der Füllfaktor beziehungsweise die ihm zu Grunde liegende $J - V$ Kennlinie werden nach Gleichung 2.2.1 durch die Widerstände R_{s} und R_{p} bestimmt. Durch Ableitung von Gleichung 2.2.1 und der Annahme, dass die Widerstände von ihren idealen Werten $R_{\text{s}} = 0$ und $R_{\text{p}} \to \infty$ abweichen, ist das Verhalten der $J - V$ Kennlinie an den Arbeitspunkten $V_{\text{oc}}(J = 0)$ und $J_{\text{sc}}(V = 0)$ durch

$$\left. \frac{\partial V}{\partial J} \right|_{J=0} \approx R_{\text{s}} \tag{2.2.4}$$

$$\left. \frac{\partial V}{\partial J} \right|_{V=0} \approx R_{\text{s}} + R_{\text{p}} \approx R_{\text{p}} \tag{2.2.5}$$

gegeben [47]. In Abbildung 2.2.2b ist dargestellt, wie sich die $J - V$ Kennlinie bei Änderung der Widerstände verhält. Es sei jedoch darauf hingewiesen, dass bei der Analyse von R_{p} der Verlauf der Dunkelkennlinie zu beachten ist. Verlaufen Dunkelkennlinie und Hellkennlinie näherungsweise parallel, kann aus Gleichung 2.2.5 R_{p} abgeschätzt werden. Zeigt die Hellkennlinie jedoch einen deutlich steileren Verlauf als die Dunkelkennlinie, ist dies ein Indiz für eine feldabhängige Ladungsträgerextraktion [49].

2.2.1.3 Quanteneffizienz

Zur Messung der Strom-Spannungs-Kennlinie wird die Solarzelle in der Regel mit einer Lichtquelle beleuchtet, die ein sonnenähnliches Spektrum emittiert. Dabei ist die Spannung nahezu unabhängig vom spektralen Verlauf der Lichtquelle, wohingegen der Strom eine deutliche spektrale Abhängigkeit zeigt.

Die spektrale Abhängigkeit des Stroms wird durch die externe Quanteneffizienz (*EQE*) beschrieben[2]. Die *EQE* ist ein Maß für die Wahrscheinlichkeit, dass ein einfallendes Photon zu einem extern abgreifbaren Elektron konvertiert wird. Die *EQE* ist durch den wellenlängenabhängigen Quotienten

$$EQE(\lambda,V) = \frac{N_e(\lambda,V)}{N_\gamma(\lambda)}, \qquad (2.2.6)$$

$$[EQE(\lambda,V)] = 1 \qquad (2.2.7)$$

gegeben. Dabei ist $N_e(\lambda,V)$ die Anzahl der Elektronen, die durch den externen Stromkreis fließen und $N_\gamma(\lambda)$ die Anzahl der auf die Solarzelle einfallenden Photonen [50]. Meistens wird stillschweigend $V = 0$ angenommen und nur der über das Spektrum veränderliche Teil der externen Quanteneffizienz $EQE(\lambda)$ diskutiert. Wenn nicht explizit angegeben, wird im Folgenden ebenfalls $V = 0$ betrachtet.

Durch Verwendung der experimentell besser zugänglichen Größen Stromdichte $J(\lambda)$ beziehungsweise Kurzschlussstromdichte $J_{sc}(\lambda)$ und der spektralen Bestrahlungsstärke $I_{solar}(\lambda)$ lässt sich die externe Quanteneffizienz zu

$$EQE(\lambda) = \frac{h \cdot c}{e \cdot \lambda} \cdot \frac{J_{sc}(\lambda)}{I_{solar}(\lambda)} = \frac{h \cdot c}{e \cdot \lambda} \cdot SR(\lambda) = 1239.84 \frac{SR(\lambda)}{\lambda} \frac{\text{nm}}{} \frac{\text{W}}{\text{A}} \qquad (2.2.8)$$

umformulieren [51]. Dabei ist h das Plancksche Wirkungsquantum und c die Lichtgeschwindigkeit. Ähnlich der *EQE* ist die quantitativ anschauliche Größe *Spectral Response* $SR(\lambda)$ definiert:

$$SR(\lambda) = \frac{J_{sc}(\lambda)}{I_{solar}(\lambda)}, \qquad (2.2.9)$$

$$[SR(\lambda)] = \frac{\text{A}}{\text{W}}. \qquad (2.2.10)$$

---

[2]Neben *EQE* wird auch der Term *IPCE* (*Incident Photocurrent Efficiency*) verwendet.

Mit dem Integral über die Spectral Response und die spektrale Bestrahlungsstärke wird die Gesamt-Kurzschlussstromdichte J_{sc} bestimmt:

$$J_{sc} = \int SR(\lambda) \cdot I_{solar}(\lambda)\, d\lambda. \tag{2.2.11}$$

Bei der Zertifizierung der Zelleffizienz durch ein akkreditiertes Prüfinstitut wird meist zuerst J_{sc} aus der externen Quanteneffizienz über Ausdruck 2.2.11 bestimmt. Der Wert von J_{sc} wird in einem zweiten Schritt verwendet, um die Intensität der Laborlichtquelle einzuregeln. Danach erfolgt die Messung der $J - V$ Kennlinie und die Berechnung der Zelleffizienz. Durch dieses Vorgehen wird die spektrale Abweichung (*Spectral Mismatch*) der Laborlichtquelle von einem Referenzspektrum wie dem ASTM G173-03(2012) kompensiert [52].

Bei dem im Rahmen dieser Arbeit entstandenen Messplatz zur Bestimmung der externen Quanteneffizienz, siehe Kapitel 4, wurde ebenfalls eine Routine zur Bestimmung der Gesamt-Kurzschlussstromdichte J_{sc} integriert. Damit wurde es möglich, die am Solarsimulator-Messplatz bestimmten Stromdichten mit einer zweiten Methode unabhängig zu verifizieren.

Zusätzlich zur externen Quanteneffizienz ist es aufschlussreich, die interne Quanteneffizienz IQE zu betrachten. Die interne Quanteneffizienz ergibt sich aus dem Quotienten

$$IQE(\lambda) = \frac{EQE(\lambda)}{A_{\text{active layer}}(\lambda)}. \tag{2.2.12}$$

In Ausdruck 2.2.12 ist der spektrale Absorptionsgrad (*Absorptance*) $A_{\text{active layer}}(\lambda)$ der lichtabsorbierenden Schicht enthalten. Ihn zu bestimmen ist nicht trivial, da die Absorption in der aktiven Schicht auf Grund von Dünnschichtinterferenzen, parasitärer Absorption und Streuung keine direkt zugängliche Messgröße darstellt. Bei einem exakten Vorgehen muss $A_{\text{active layer}}(\lambda)$ mittels optischer Simulationen bestimmt werden. Eine vereinfachte Methode, die die optische Simulation mit der Messung der totalen Absorption kombiniert, wurde von Burkhard et al. vorgeschlagen und im Rahmen dieser Arbeit angewendet [53].

Durch die Messung der IQE werden die elektrischen von den optischen Eigenschaften der Solarzelle entkoppelt. So ist zum Beispiel die Amplitude der *IQE* umgekehrt proportional zur Zustandsdichte der rekombinatorischen Prozesse, während der Verlauf der *IQE* Auskunft über die spektrale Effizienz der Ladungsträgerextraktion gibt [53].

2.2.2 Funktionsweise einer organischen Solarzelle

Erstmals wurde die Photoleitfähigkeit organischer Materialien an dem Molekül Anthracen durch Pochettino im Jahr 1906 nachgewiesen [54]. In den 1960er Jahren wurde eine Vielzahl von Experimenten mit halbleitenden Farbstoffen durchgeführt. So wurde zum Beispiel an Magnesiumphthalocyanine (MgPc) eine Photospannung von $200\,meV$ gemessen und für Kupferphthalocyanin (CuPc), eingebettet zwischen zwei Elektroden mit unterschiedlicher Austrittsarbeit, ein gleichrichtender Effekt beobachtet [46, 55, 56].

2.2.2.1 Single Layer Struktur

Das oben genannte, auf CuPc basierende Bauteil stellt, funktional betrachtet, bereits den Prototypen einer organischen Solarzelle dar, Abbildung 2.2.3a. Unter Absorption eines Photons (1) wird ein Elektron aus dem HOMO in das LUMO angeregt, Abbildung 2.2.3b. Zusammen mit dem dadurch entstandenen Loch bildet es einen exzitonischen Zustand (2). Das elektrische Feld, hervorgerufen durch die asymmetrische Austrittsarbeit der Kontakte, reicht nicht aus, das Exziton zu dissoziieren [57]. Anstatt dessen diffundiert (3) es zu einem der Kontakte. Da die Exzitonen-Diffusionslänge typischerweise nur wenige Nanometer beträgt und somit geringer als die Weglänge durch den Absorber ist, rekombinieren viele der Exzitonen bevor sie eine der Elektroden erreichen können [58–60]. Exzitonen, die die Elektrode erreicht haben und dort nicht rekombinieren, können dissoziiert werden und es werden freie Ladungsträger (4) generiert. Die Ladungsträger gehen auf ihre jeweilige Elektrode über (5) [46, 47, 57, 61]. Auf Grund dieser vielfältigen Verlustprozesse konnten mit Single-Layer Solarzellen nur geringe Effizienzen $< 0.1\,\%$ erzielt werden.

Die Energiediagramme für die weiteren charakteristischen Betriebsmodi $V = V_{oc}$, $V < 0\,V$ und $V > V_{oc}$ sind in Abbildung 2.2.3a,c,d dargestellt. Im

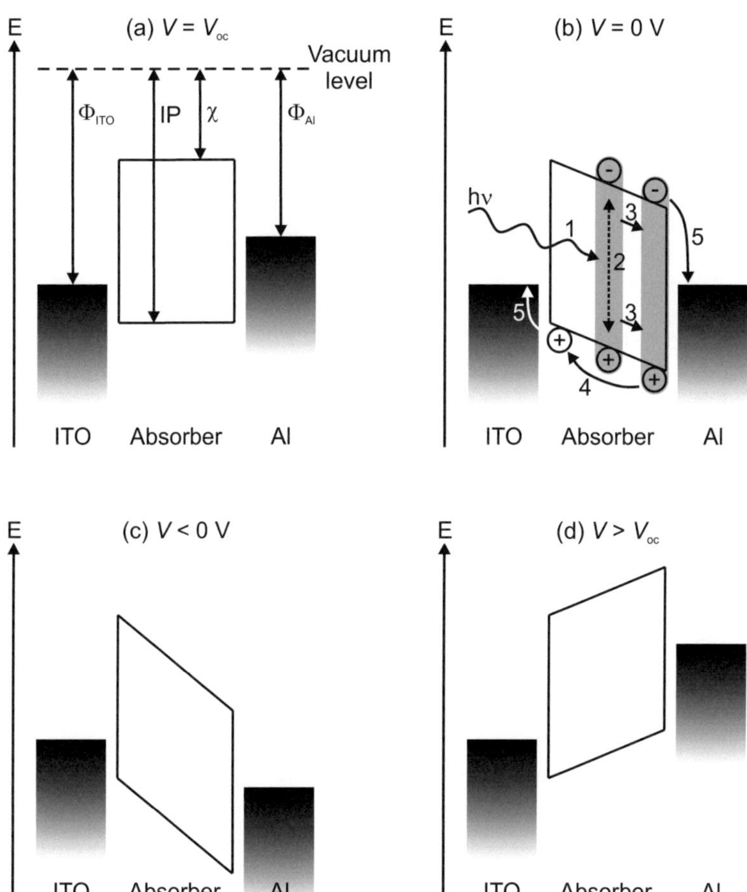

Abb. 2.2.3: Schematische Darstellung der Energieniveaus einer Single-Layer Solarzelle. Als Anodenmaterial wurde das im sichtbaren Spektralbereich weitgehendst transparente Indiumzinnoxid (*Indium Tin Oxide*, ITO) gewählt, für die Kathode Aluminium. In (a) sind die photoelektronenspektroskopischen Größen definiert: Die Austrittsarbeit Φ der Elektroden, das Ionisationspotential *IP* (Energie zum Ionisieren eines Elektrons aus dem HOMO) und die Elektronenaffinität χ. Die verschiedenen Betriebszustände der Solarzelle werden durch die Spannung V, relativ zur ITO-Anode, beschrieben. (a) Leerlauf beziehungsweise Flachbandfall. (b) Kurzschluss. Die Schritte 1 bis 5 sind detailliert im Text beschrieben. (c) Rückwärtsrichtung. (d) Vorwärtsrichtung. Die Nomenklatur der elektrischen Kenngrößen entspricht der in Abbildung 2.2.2. Darstellung nach [46, 47].

Flachbandfall $V = V_{oc}$ erfolgt keine Dissoziation der Exzitonen, sie rekombinieren paarweise (*Geminate Recombination*) und der Stromfluss kommt zum Erliegen. Für $V < 0$ erhöht sich der Strom leicht gegenüber dem Kurzschlussstrom, da mehr Exzitonen dissoziiert werden (Rückwärtsrichtung beziehungsweise Dioden-Sperrrichtung). Für $V > V_{oc}$ nimmt der Strom drastisch zu, da über die Kathode mit ihrer niedrigen Austrittsarbeit Elektronen und gleichzeitig über die Anode Löcher in das Bauteil injiziert werden (Vorwärtsrichtung beziehungsweise Dioden-Durchlassrichtung) [47].

An dieser Stelle sei angemerkt, dass in einem realen Bauteil die Angleichung der Energieniveaus an den Metall-Organik-Grenzflächen ungleich komplexer verläuft als in Abbildung 2.2.3 skizziert. Der Bandverlauf wird durch die Lage des Ferminiveaus des organischen Halbleiters relativ zur Austrittsarbeit des Metallkontaktes bestimmt. Eine weitere Beeinflussung desselben findet durch die Beschaffenheit der Grenzfläche statt, dazu zählen insbesondere Oxidation, Abscheidebedingungen und Reinheit. Eine ausführliche Beschreibung der möglichen Konfigurationen des Bandverlaufes ist in [62–66] gegeben.

Da die Betrachtung der Metall-Organik und Organik-Organik-Grenzflächen nicht im Fokus dieser Arbeit steht, werden die hier gezeigten Bandverläufe vereinfacht in Anlehnung an das Metall-Isolator-Metall (MIM) Modell dargestellt. Um der komplexen Grenzflächenphysik Rechnung zu tragen, werden in den Banddiagrammen die Materialien ohne Kontakt ihrer Grenzflächen gezeichnet.

2.2.2.2 Bilayer Struktur

Erst mit dem Konzept des planaren Donator-Akzeptor Heteroübergangs, der *Bilayer* Struktur, gelang es Tang 1979 höhere Effizienzen zu erzielen. In seiner Patentschrift beschreibt er verschiedene Solarzellen bestehend aus einer CuPc-Schicht, auf die er unterschiedliche Farbstoffe abgeschieden hat. Mit einem Perylentetracarbonsäuredianhydrid-Derivat fertigte Tang Solarzellen mit $FF = 65\%$ und $\eta = 1\%$; auf Effizienzebene entsprach dies einer

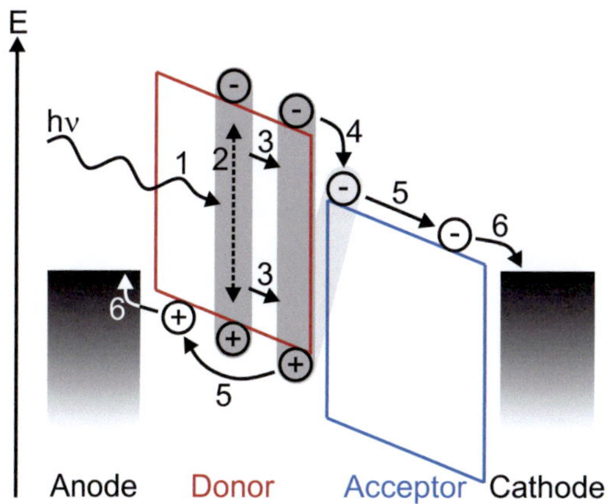

Abb. 2.2.4: Schematisches Banddiagramm einer Bilayer Solarzelle. Die einzelnen Schritte von der Absorption eines Photons (1) bis zum freien Ladungsträger an der Elektrode (6) werden im Text erläutert.

Verbesserung von nahezu zwei Größenordnungen gegenüber den zuvor bekannten Bauteilen [67, 68].

Der entscheidende Unterschied zur Single Layer Solarzelle besteht in der Verwendung von zwei unterschiedlichen Materialien in der aktiven Schicht, nämlich einem Elektronen-Donator D (ein Löcher transportierendes Material) und einem Elektronen-Akzeptor A (ein Elektronen transportierendes Material), die ein geringes Ionisationspotential IP beziehungsweise eine hohe Elektronenaffinität χ aufweisen.

Die dabei ablaufenden photophysikalischen Prozesse werden im Folgenden für die Absorption eines Photons in der Donator-Phase beschrieben, siehe Abbildung 2.2.4. Die Prozesse können analog für die Absorption eines Photons in der Akzeptor-Phase diskutiert werden. Meistens werden jedoch die Donator-seitigen Prozesse betrachtet, da sie einen höheren Anteil an der Quanteneffizienz des Bauteils haben.

Durch die Absorption eines Photons (1) wird ein ladungsneutrales Exziton in der Donator-Phase generiert (2), das idealerweise zur D/A-Grenzfläche diffundiert (3). Die energetische Differenz des D/A-Übergang ermöglicht es dem Exziton, einen intermolekularen Charge Transfer (CT) zu vollziehen:

Während das Elektron in die Akzeptor-Phase übergeht, verbleibt das Loch in der Donator-Phase, das Exziton ist dissoziiert (4). Dennoch sind die beiden Ladungsträger über den D/A-Übergang hinweg schwach Coulomb gebunden, ein sogenannter *Charge Transfer State* (D^+/A^-) ist entstanden[3]. Falls keine Rekombination des CT States stattfindet, durchlaufen die Ladungsträger eine Abfolge noch schwächer gebundener Zustände, den *Charge Separated States* (CS States), bevor sie schlussendlich freie Ladungsträger bilden (5). Unter dem Einfluss des internen elektrischen Feldes der Solarzelle werden die freien Ladungsträger zur Kathode beziehungsweise Anode abgeführt (6) [31, 57, 69–71].

Die Effizienz der Bilayer Solarzelle ist, ähnlich der Single Layer Solarzelle, durch die Exzitonen-Diffusionslänge limitiert. Nur Exzitonen, die in der Nähe der D/A-Grenzschicht[4] generiert wurden, können den in Abbildung 2.2.4 gezeigten Prozess durchlaufen. Alle anderen Exzitonen rekombinieren in ihrer jeweiligen Materialphase.

2.2.2.3 Fulleren Akzeptoren

Der nächste Meilenstein auf dem Weg zu effizienten organischen Solarzellen bestand in der Verwendung von Fulleren-Derivaten als Akzeptor-Material. Fullerene zeichnen sich durch ihre hohe Elektronenaffinität, gepaart mit einer hohen Elektronen-Mobilität, aus. Außerdem können sie, da es sich um kleine Moleküle handelt, sehr nah an den Donator anlagern beziehungsweise bei Polymer-Donatoren in die Lücken zwischen den Alkyl-Seitengruppen eindringen (*Intercalation*) [73–77]. Die Kombination dieser Eigenschaften ermöglicht einen ultraschnellen, photoinduzierten Energietransfer innerhalb von $50 - 100\,\text{fs}$ vom Donator auf den Fulleren-Akzeptor [32, 78–80]. Die Entwicklung von löslichen Fulleren-Derivaten, wie dem [6,6]-Phenyl-C_{61}-butyric acid methyl ester ($PC_{61}BM$), Abbildung 2.2.5, hat die Verwendung von Fullerenen als Akzeptor in organischen Solarzellen weiter beflügelt [81].

---

[3]Teilweise wird in der Literatur ebenfalls der Begriff *Polaron-Pair* für den D^+/A^- Zustand verwendet.

[4]Die Schreibweise „D/A" indiziert, dass es sich hierbei um eine Schichtabfolge handelt. Vergleiche hierzu Fußnote 5.

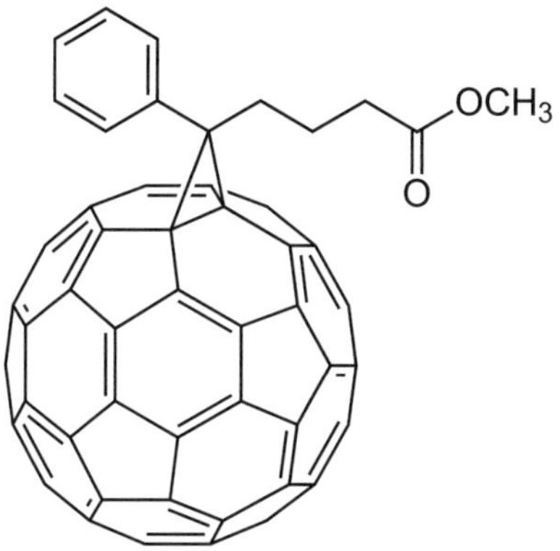

Abb. 2.2.5: Das Fulleren-Derivat $PC_{61}BM$ basiert auf dem Buckminsterfulleren C_{60}. Durch die Alkyl-Seitengruppe erhöht sich seine Löslichkeit in einer Vielzahl von Lösemitteln, unter anderem in Chlorbenzol (CB) und 1,2-Dichlorbenzol (DCB), die bei der Herstellung organischer Solarzellen aus der Flüssigphase verwendet werden [72].

Der Einsatz von Fullerenen in der OPV erwies sich als Glücksgriff. Auch heute, 20 Jahre nachdem Fullerene erstmalig verwendet wurden, finden sie in nahezu allen hocheffizienten, organischen Solarzellen ihre Verwendung [82].

2.2.2.4 Bulk Heterojunction

Die Effizienzen der Bilayer-Solarzellen sind, wie bereits andiskutiert, durch die Exzitonen-Diffusionslänge limitiert. Um diese Limitierung zu überwinden, müssten die Schichtdicken der Bilayer auf ungefähr 10 nm verringert werden. Jedoch würden solch hochdünne Schichten nur einen Bruchteil des einfallenden Lichtes absorbieren. Ein weiterer Ansatz zur Vergrößerung der Grenzfläche zwischen Donator und Akzeptor wäre eine in vertikaler Richtung fingerförmig ineinander greifende Kammstruktur, siehe Abbildung 2.2.6a. Vorteil hierbei wäre, dass für die freien Ladungsträger durchgehende Perkolationspfade zu ihren Elektroden zur Verfügung stehen würden. Da der Durchmesser der „Finger" maximal die doppelte Exzitonen-Diffusionslänge betragen dürfte, müssten die Säulen bei einer Absorberschichtdicke von 100 nm ein Aspektverhältnis von 1 : 5 aufweisen, um das einfallende Licht vollständig zu absor-

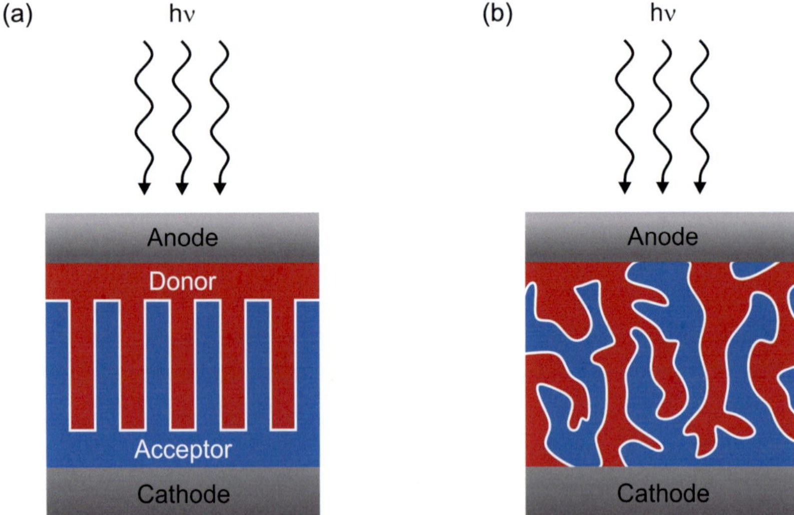

Abb. 2.2.6: Schematische Darstellung zweiphasiger Donator:Akzeptor-Systeme. (a) Idealisierte Kammstruktur. (b) Bulk Heterojunction, wie sie bei Abscheidung eines Donator:Akzeptor-Mischsystems durch Selbstorganisation entsteht.

bieren. Unter technologischen Gesichtspunkten ist es jedoch nahezu unmöglich, diese ideale Struktur großflächig zu fertigen.

Gruppen aus Osaka, Santa Barbara und Cambridge haben in den frühen 1990er Jahren einen Ansatz untersucht, der auf Selbstorganisation basiert. Donator und Akzeptor wurden gleichzeitig abgeschieden, entweder mittels Ko-Verdampfung oder mittels Abscheidung aus einem gemeinsamen Lösungsmittel [83–85]. Durch Phasenseparation der beiden Komponenten bildet sich ein sich gegenseitig durchdringendes Netzwerk (*Interpenetrating Network*) aus Donator- und Akzeptor-Phasen (D:A-Blend[5]), siehe Abbildung 2.2.6b. Diese sogenannte *Bulk Heterojunction* (BHJ) mit einem Fulleren-Akzeptor ist die heute dominierende Bauform für organische Solarzellen. Die sich in der BHJ ausbildende Morphologie wird im Abschnitt 2.3 detailliert beschrieben.

2.2.2.5 Rekombinatorische Prozesse

In den vorangegangenen Abschnitten lag der Fokus auf der Beschreibung der photophysikalischen Prozesse, die zur Generation von freien Ladungsträgern führen. Um die Funktionsweise einer organischen Solarzelle in ihrer Gesamtheit zu verstehen, müssen zusätzlich die konkurrierenden, rekombinatorischen Verlustprozesse analysiert werden. Im Folgenden werden die wichtigsten Rekombinationsprozesse zusammengefasst [86, 87].

(A) Bevor das photogenerierte Exziton die Donator:Akzeptor-Grenzfläche erreicht, kann es paarweise rekombinieren (*Geminate Recombination*). Die Wahrscheinlichkeit dafür ist eine Funktion der Exzitonen-Diffusionslänge in dem jeweiligen Materialsystem, dem Grad der Durchmischung zwischen Donator und Akzeptor sowie der durchschnittlichen Domänengröße. Teilweise sind diese Parameter abhängig von der Art der Prozessierung.

(B) Ionisierung des Elektron-Loch-Paares durch das elektrische Feld: Nachdem an der D:A-Grenzfläche ein Ladungstransfer (CT) in die komplementäre Phase stattfand, kann das schwach gebundene Ladungsträgerpaar rekombinieren (Geminate Recombination). Der Prozess ist monomolekularer Natur. Wird das interne elektrische Feld durch eine Reduktion der Spannung erhöht, siehe

---

[5]Die Schreibweise „D:A" indiziert, dass es sich hierbei um ein Mischsystem handelt.

Abbildung 2.2.3, nimmt diese Rekombinationsrate ab, es werden mehr freie Ladungsträger generiert und der Strom nimmt zu.

(C) An der D:A-Grenzfläche können ein freies Elektron und ein freies Loch über den Zwischenschritt CT-Exziton rekombinieren. Der Prozess ist bimolekularer Natur, da seine Rate ein Produkt der Elektronen- und der Löcher-Konzentration ist, die wiederum beide proportional zur optischen Generationsrate sind. Folglich weicht die Rekombinationskinetik von (B) ab.

(D) Defekte in der Bandlücke von Donator und Akzeptor nahe oder in der Grenzschicht dienen gleichermaßen als Fallenzustände (*Traps*) für Elektronen und Löcher. Wenn nacheinander zwei gegensätzlich geladene Ladungsträger in den Einflussbereich des Trap-Niveaus gelangen, können sie dort rekombinieren. Ist die Zustandsdichte der Traps höher als die der Ladungsträger, folgt die Rekombination einem monomolekularen Verlauf.

(E) Konnte das Ladungsträgerpaar komplett getrennt werden und bewegen sich freie Ladungsträger entlang ihrer Perkolationspfade zu den Elektroden (oder sind in Domänen eingeschlossen), so können beliebige Ladungsträger mit entgegengesetzten Vorzeichen bimolekular rekombinieren.

Welcher Prozess den Verlauf der Strom-Spannungskennlinie dominiert, wird kontrovers diskutiert. In der aktuellen Diskussion wird besonders der Rekombination über Trapzustände eine große Bedeutung beigemessen. Bereits gesichert ist die Erkenntnis, dass die auftretenden Rekombinationsprozesse von dem Parameter Mobilität beziehungsweise dem Verhältnis von Loch- zu Elektronenmobilität und der photogenerierten Ladungsträgerdichte abhängig sind [29, 86–93].

2.3 Morphologie der Bulk Heterojunction

Der Begriff Morphologie[6] leitet sich aus dem Griechischen ab und beschreibt Formen und ihren Wandel [94]. Der Term Morphologie wird in vielen Wissenschaftszweigen verwendet, im Kontext organischer Solarzellen beschreibt er als Oberbegriff strukturelle Phänomene verschiedenster Größenskalen.

---

[6]Lehre von der Gestalt, griechisch *morphé* „Gestalt".

Die ersten morphologischen Untersuchungen an organischen Solarzellen wurden 2003 veröffentlicht. Padinger et al. zeigten, dass die thermische Behandlung (*Thermal Annealing*) einer P3HT:PC$_{61}$BM-Absorberschicht die molekulare Ordnung von P3HT erhöht, was mit einer erhöhten Loch-Mobilität einhergeht, vergleiche Abschnitt 2.1.3. Dies führt zu einer Erhöhung des Füllfaktors und der Kurzschlussstromdichte und somit auch zu einer verbesserten Effizienz der Solarzelle [95, 96]. Als kurz darauf die Gruppe um Yang Yang zeigte, dass mittels verlangsamter Trocknung in einer Lösemittelatmosphäre (*Solvent Annealing*) ebenfalls eine Erhöhung der Lochmobilität und Effizienz erreicht wird [97], setzte sich die Erkenntnis durch, dass das Verständnis morphologischer Struktur-Eigenschafts-Beziehungen essentiell ist, um hocheffiziente Solarzellen zu entwickeln. In den Folgejahren wurden viele weitere Parameter identifiziert, die es erlauben, die Morphologie der BHJ zu modifizieren.

Mittlerweile wird nahezu das komplette methodische Spektrum der modernen Materialwissenschaften zur Analyse angewendet: Rastersondenmikroskopie, die verschiedenen Verfahren der Elektronenmikroskopie, Neutronen- und Röntgenstrukturanalyse und optische Methoden [32, 98–104]. Mit dem Hinzukommen neuer analytischer Methoden gilt das anfangs gebräuchliche Bild einer einfachen Zwei-Phasen BHJ Morphologie heute als überholt. Es zeigt sich vielmehr, dass die Struktur der BHJ auf vielen Größenskalen enorm komplex ist und bisher nur in Teilen verstanden wurde.

Parallel zu den Methoden wurden die Absorber-Materialien kontinuierlich weiterentwickelt. Dadurch änderte sich teilweise die Relevanz der verschiedenen morphologischen Parameter. Es existiert kein universelles Modell, um Morphologien zu beschreiben beziehungsweise ihre Entwicklung und ihre Abhängigkeit von Prozessbedingungen vorherzusagen. Stattdessen muss für eine spezifische, strukturelle Fragestellung aus dem Repertoire analytischer Methoden die passende(n) Methode(n) ausgewählt werden.

Ergänzend zu den experimentellen Methoden entstehen mittlerweile erste, vielversprechende Ansätze, die Entwicklung der Morphologie auf ihren verschiedenen Skalen zu simulieren [105–109].

2.3.1 Relevante Längenskalen

In diesem Kapitel wird ein Überblick über die Vielzahl der derzeit diskutierten Fragestellungen hinsichtlich der Morphologie Licht-absorbierender Schichten gegeben. Als Leitfaden dient dabei eine Klassifizierung anhand der relevanten Längenskalen, wie in Abbildung 2.3.1 schematisch dargestellt [101, 104]. Zu den unterschiedlichen morphologischen Ausprägungen werden die für die Effizienz der Solarzelle relevanten Eigenschaften beleuchtet. Dabei liegt der Schwerpunkt der Diskussion auf den Polymer-reichen Domänen, die die Stromgeneration der Solarzelle dominieren.

2.3.1.1 Kurze Distanzen (1 Å - 10 nm): Chemische Struktur, lokale molekulare Packung

Im Größenbereich Ångström bis wenige Nanometer wird die molekulare Struktur in erster Linie durch die chemische Struktur der organischen Halbleitern bestimmt. Die Größe der Polymere, ihre Steifheit, die Defektdichte und die Dichte der Seitengruppen bestimmen die Wechselwirkung mit benachbarten Polymeren, die Konjugationslänge, die relative Orientierung zum Substrat und ihre Löslichkeit [34, 110, 111].

Die, wenn auch schwache, Wechselwirkung zwischen den Polymeren führt zu einer gegenseitigen Ausrichtung im Festkörper. In geordneten Strukturen oder Aggregaten führt der Überlapp benachbarter molekularer Orbitale zu einem verbesserten intermolekularen Landungstransfer und zu charakteristischen Änderungen der optischen Eigenschaften [96, 112]. Für die Funktion der OSC bedeutet dies einen effizienten, intermolekularen Transport für Exzitonen und freie Ladungsträger.

Interessanterweise müssen die Moleküle dafür keine perfekte, kristalline Ordnung besitzen, Polykristallinität oder Semikristallinität werden selten beobachtet. Es existieren vielmehr kleine Bereiche mit kurzreichweitiger Ordnung, umgeben von einer amorphen Matrix, in denen benachbarte π-Orbitale effizient koppeln. In der Nomenklatur der Strukturanalyse würden diese Strukturen noch nicht als Kristallite bezeichnet werden, eher als eine abschnittsweise Ordnung. Jedoch lässt sich die molekulare Wechselwirkung

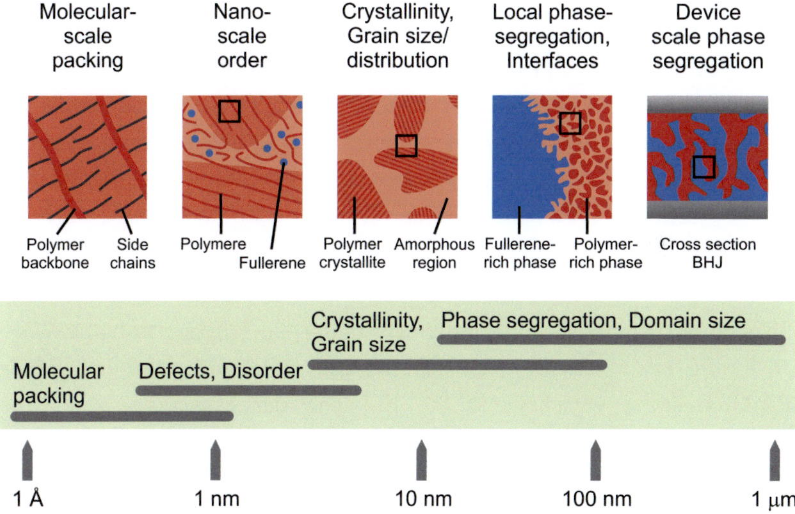

Abb. 2.3.1: Schematische Darstellung der unterschiedlichen Längenskalen und der dabei relevanten morphologischen Eigenschaften mit Schwerpunkt auf den Polymereigenschaften. Die Schemata der morphologischen Strukturen in der obersten Reihe zeigen, von rechts nach links gelesen, eine konsekutive Vergrößerung der jeweils mit einem schwarzen Quadrat markierten Bereiche. In der darunterliegenden Reihe sind die morphologischen Strukturen den verschiedenen Größenskalen zugeordnet. Die reale Morphologie einer OSC mit ihren Materialgradienten, Grenzflächen und variierenden Durchmischungsgraden ist nochmals deutlich komplexer als hier vereinfacht dargestellt und muss im Einzelfall detailliert untersucht werden. Diese Darstellung stellt kein Schema für die Morphologie einer realen Solarzelle dar. Die Intention ist vielmehr, die verschiedenen Begrifflichkeiten zur Beschreibung der Morphologie anschaulich darzustellen. Darstellung nach [104].

durch ihre Auswirkung auf die elektronischen und optischen Eigenschaften spektroskopisch nachweisen. Insofern ist der Term Kristallit an dieser Stelle gerechtfertigt und gebräuchlich [35, 104].

Wie in anorganischen Kristallen gibt es vielfältige Formen von Defekten, die die lokale Ordnung des Kristallits stören können. Zusätzlich besitzen Polymere eine intrinsische, statistisch verteilte, strukturelle Unordnung, die sich in der strukturellen Unordnung der Aggregate widerspiegelt, siehe Abschnitt 2.1.2.2 [69, 111]. Für die elektronischen Transportniveaus der Halbleiter hat dies die Ausbildung von Fallenzuständen (*Traps*) oder Streuzentren zur Folge.

Neben der Aggregation der Polymere durch die Polymer-Polymer Wechselwirkung beeinflusst die sich ausbildende, molekulare Morphologie der D:A-Grenzfläche entscheidend die Effizienz der Solarzelle. Die Gruppe um McGehee hat gezeigt, dass das [6,6]-Phenyl-C_{71}-butyric acid methyl ester ($PC_{71}BM$), anders als sein voluminöseres Bis-Addukt, das bis-$PC_{71}BM$, zwischen die Seitengruppen des Donator-Polymers Poly(2,5-bis(3-hexadecylthiophen-2-yl)thieno[3,2-b]thiophene (pBTTT) eingeschoben (*Intercalation*) werden kann und einen bimolekularen Kristall bildet. Durch das zwischen den Seitengruppen befindliche Fulleren wird verhindert, dass sich benachbarte Polymere fingerartig verzahnen können (*Interdigitation*) und sich der mittlere Abstand zwischen den Polymer-Backbones (*Interlayer Spacing*) erhöht. Auf morphologischer Ebene führt die Verwendung des bis-$PC_{71}BMs$ in diesem D:A System zu einer reduzierten molekularen Mischbarkeit (*Miscibility*). Die geringere Mischbarkeit äußert sich spektroskopisch in einem erhöhten PL Signal und erwartungsgemäß zeigt die Solarzelle einen reduzierten Kurzschlussstrom [73–77, 113]. Dadmun et al. zeigten, dass gleichermaßen eine chemische Modifikation des Donator-Polymers zu einer veränderten Mischbarkeit und Solarzellen-Effizienz führen können [114, 115]. Folglich sollte präziser Weise nicht von Polymer- und Fulleren-Phasen gesprochen werden, sondern vielmehr von Polymer- und Fulleren-reichen Phasen.

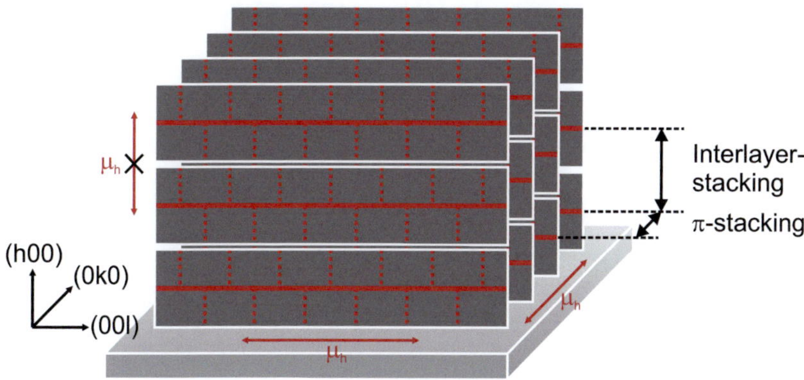

Abb. 2.3.2: Schematische Darstellung eines aggregierten Polymers. Die durchgezogene rote Linie stellt das Rückgrat (*Backbone*) des Polymeres dar, die gestrichelten Linien die Alkyl-Seitengruppen. Durch ihre flache Struktur können die Polymere mit kurzer Distanz in Richtung (0k0) $\pi - \pi$ stapeln, es bildet sich eine lamellenartige Struktur. In (h00) sind die Polymere durch die Alkyl-Seitengruppen weiter voneinander separiert. Typische Abstände für P3HT betragen $d_{020} = 3.8\,\text{Å}$ und $d_{100} = 16.5\,\text{Å}$ [116]. Die höchste Loch-Mobilität μ_h wird entlang des konjugierten Backbones gemessen. Allerdings ist diese intramolekulare Mobilität für Bauteile von untergeordneter Bedeutung, da zwischen zwei benachbarten Polymeren die Konjugation unterbrochen ist. Der für organische Solarzellen relevante Transportprozess erfolgt in Richtung der $\pi - \pi$ Stapelung, da dort auf Grund des geringen Abstandes hohe intermolekulare Mobilitäten erreicht werden, wo hingegen in Richtung (h00) die Loch-Mobilität deutlich reduziert ist [98].

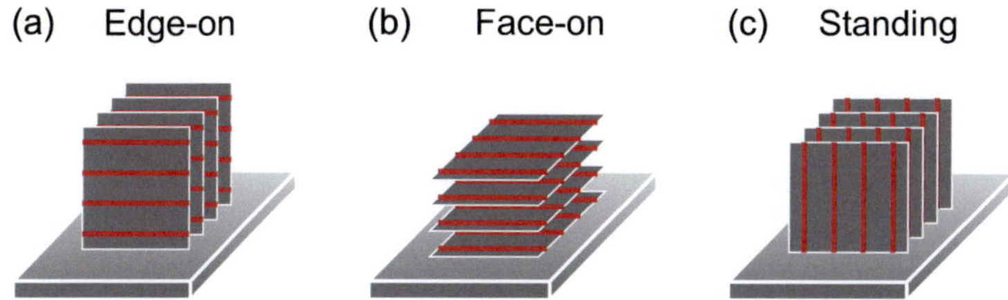

Abb. 2.3.3: Illustration der verschiedenen Orientierungen der Polymer-Aggregate. In dieser vereinfachten Darstellung sind nur die Backbones der Polymere gezeigt (rote Linien). (a) Edge-On. Die Alkyl-Seitengruppen sind orthogonal zur Substratebene orientiert und liegen in den angedeuteten Ebenen. Der horizontale Ladungstransport wird bevorzugt. (b) Face-On. Die Polymere liegen flach auf dem Substrat. (c) Die Polymere stehen aufrecht.

2.3.1.2 Mittlere Längenskalen (1 nm - 100 nm): Kristallite, Textur

Die geordnete Struktur der Kristallite ermöglicht es, Ladungsträger und Exzitonen in der BHJ über Distanzen von wenigen Nanometern bis zu $\sim$ 100 nm effektiv zu transportieren. Bedingt durch die unterschiedlichen intermolekularen Abstände für die $\pi - \pi$ Stapelung und das *Interlayer Stacking* ergeben sich im Kristallit räumliche Vorzugsrichtungen für den Ladungstransport, siehe Abbildung 2.3.2. Die verschiedenen, räumlichen Orientierungen der Aggregate sind in Abbildung 2.3.3 dargestellt. Dabei wird die Orientierung der Kristallite relativ zur Substratnormalen als Textur bezeichnet.

Die Größe und die kristallographischen Eigenschaften der Kristallite hängen empfindlich von den chemischen Eigenschaften der Polymere und den gewählten Prozessbedingungen ab [116–122]. Die Mechanismen und Wechselwirkungen, die zur Ausbildung einer Morphologie führen, sind derart komplex, dass für jede Parameteränderung der Einfluss auf die Morphologie getrennt untersucht werden muss.

Wie in Abbildung 2.3.1 dargestellt, existieren in der Polymer-reichen Phase neben den geordneten Kristalliten große amorphe Bereiche. Es ist davon auszugehen, dass der Ladungstransport in diesen Regionen verlangsamt stattfinden wird. Inwieweit diese Bereiche für die photophysikalischen Prozesse relevant oder sogar essentiell sind, ist derzeit nicht geklärt und Gegenstand kontroverser Diskussionen [122, 123].

2.3.1.3 Lange Distanzen (10 nm - 1000 nm): Phasentrennung, Domänen und vertikale Phasenseparation

Der ideale Domänen-Durchmesser ist ungefähr durch die doppelte Exzitonen-Diffusionslänge vorgegeben, siehe Abschnitt 2.2.2.4, und beträgt 10 − 20 nm. Gleichzeitig dienen die Domänen den freien Ladungsträgern als durchgängige Perkolationspfade zu ihren Elektroden. Die Mindestlängen dieser Pfade sind durch die Schichtdicken der BHJ (80 − 180 nm) vorgegeben [104]. Die thermodynamisch getriebene Phasenseparation während der Filmbildung führt zur Ausbildung der Material-Domänen. Durch Änderung der Trocknungskinetik oder der thermodynamischen Randbedingungen lässt sich im Experiment Einfluss auf die Domäneneigenschaften nehmen, siehe Abschnitt 2.3.2.

Zusätzlich zur Phasenseparation des Bulks kann sich durch unterschiedliche Oberflächenenergien und Löslichkeiten der D:A-Komponenten eine vertikale Entmischung ausbilden. Beginnend mit einer vielbeachteten Veröffentlichung von Campoy-Quiles zur Analyse der vertikalen Phasenseparation[7] mittels spektroskopischer Ellipsometrie wurden in den Folgejahren geeignetere Methoden, wie die Neutronen-Reflektivität (NR), adaptiert, um die Gradientenbildung in der BHJ verfolgen zu können [102, 124–131].

Auf Skalen $> 100\,$nm kann ebenfalls eine Struktur beobachtet werden. Dabei handelt es sich typischerweise um laterale Variationen der Schichtdicke [104].

2.3.2 Modifikation der Morphologie

In der Literatur gibt es eine Vielzahl von Beispielen, die zeigen, dass durch die Wahl des Lösemittels [121, 132–135], durch die Zugabe von Prozessadditiven [89, 122, 123, 136–146], durch unterschiedliche Trocknungsgeschwindigkeiten wie beim *Solvent Annealing* [97, 147] und durch die Wahl der Trocknungstemperatur [116, 148] gezielt auf die sich ausbildende Morphologie Einfluss genommen wird. Nachdem die Filmbildung abgeschlossen ist, kann durch thermische Behandlung (*Thermal Annealing* oder *Postbake*) eine weitere Veränderung der Morphologie bewirkt werden [95–97, 147, 149, 150].

Eine Modifikation der Prozessbedingungen oder der thermodynamischen Randbedingungen ändert fast immer morphologische Eigenschaften auf mehreren Längenskalen gleichzeitig. Daher kommen in umfassenden Struktur-Eigenschaft-Beziehungs-Analysen mehrere, sich ergänzende analytische Methoden zum Einsatz, um die Veränderungen in ihrer Gesamtheit zu erfassen. In den Kapiteln 5 und 6 wird der Einfluss der thermischen Behandlung beziehungsweise der Einfluss von Prozessadditiven auf die Morphologie der BHJ detailliert beschrieben.

---

[7]In der Literatur findet man ebenfalls die Begriffe *Graded Vertical Phase Separation*, *Vertical Concentration Gradient*, *Vertical Morphology* und *Vertical Stratification*.

2.3.3 Analysemethoden im reziproken Raum und im Realraum

Die für die morphologische Analyse zur Verfügung stehenden Techniken können grob in zwei Grundkategorien eingeteilt werde. Einerseits sind es Methoden, die Abbildungen des Realraums in meist hoher räumlicher Auflösung ermöglichen, wo hingegen die Techniken, die den reziproken Raum abbilden, räumlich gemittelte Informationen mit hohem, strukturellem Informationsgehalt liefern. Im Folgenden werden die am häufigsten verwendeten analytischen Methoden vorgestellt, ohne dabei Anspruch auf Vollständigkeit erheben zu wollen.

2.3.3.1 Rastersondenmikroskopie

Die Rastersondenmikroskopie (*Scanning Probe Microscopy*, SPM) eignet sich insbesondere zur Analyse von Probenoberflächen und kann in kraftbasierte, elektrische und optische Verfahren untergliedert werden.

Bereits in den ersten morphologischen Untersuchungen wurde die Rasterkraftmikroskopie (*Atomic Force Microscopy*, AFM) für topographische Analysen genutzt [149]. AFMs sind in vielen Laboren verfügbar, unproblematisch zu bedienen, bieten nanoskalige Auflösung und liefern zeitnah, einfach zu interpretierende Ergebnisse. Mit den vielfältigen Messmodi können zudem unterschiedliche mechanische Eigenschaften der Probenoberfläche untersucht werden [98, 99, 104].

Zur ortsaufgelösten, elektrischen Untersuchung von Probenoberflächen bietet sich die *Conductive AFM* (C-AFM) an [151]. Wird die Probe dabei zusätzlich beleuchtet, wird die Technik als *Photocurrent AFM* bezeichnet. Bei den beiden letztgenannten, strommessenden Verfahren ist der Cantilever in direktem Kontakt mit der Probenoberfläche. Im Gegensatz dazu wird zur Bestimmung von effektiven Oberflächenpotentialen der Cantilever bei der *Kelvin Probe Force Microscopy* (KPFM) mit geringem Abstand über der Probenoberfläche verfahren und dabei elektrisch zum Oszillieren angeregt [101]. Da die elektrischen Verfahren sensitiv auf Adsorbate an der Probenoberfläche sind, werden diese Experimente oft unter inerten oder Vakuum-Bedingungen durchgeführt.

Mit der *Scanning Near-Field Optical Microscopy* (SNOM) erfolgt eine ortsaufgelöste optische Charakterisierung. Die Auflösung ist über die SNOM Apertur beziehungsweise die AFM-Spitze limitiert und beträgt einige 10 nm [101].

2.3.3.2 Transmissionselektronenmikroskopie

Die Transmissionselektronenmikroskopie (TEM) ermöglicht es, im Gegensatz zur Rastersondenmikroskopie, die innere Struktur einer Probe zu untersuchen.

Mit den Verfahren *Bright-Field Transmission Electron Microscopy* (BF TEM oder TEM), *High-Resolution TEM* (HRTEM), *Energy-Filtered TEM* (EFTEM) und *Electron Energy Loss Spectroscopy* (EELS) werden zwei-dimensionale Projektionen der zu untersuchenden Schichten aufgenommen [147, 152–155]. Soll ferner die dreidimensionale Struktur untersucht wer-den, kommt die rekonstruktive *Electron Tomography* (3D TEM) zum Einsatz [147, 150, 153]. Neben diesen Methoden mit hoher Ortsauflösung kann mittels der *Selected Area Electron Diffraction* (SAED) die Kristallstruktur ortsaufge-löst analysiert werden [156, 157]. Es sei angemerkt, dass es sich hierbei um eine Analyse reziproker Eigenschaften handelt.

Die *Low-Energy Scanning Transmission Electron Microscopy* (Low-keV STEM) kombiniert mit einem *High-Angle Annular Dark-Field* (HAADF) Detektor stellt ein weiteres, kontrastreiches Verfahren zur Analyse von BHJs dar [158–160]. In Kapitel 3.4 wird die Methode ausführlich beschrieben.

2.3.3.3 Optische Verfahren

Bedingt durch ihre inhärente Auflösungsbeschränkung werden lichtmikrosko-pische Verfahren meistens eingesetzt, um großflächige Strukturvariationen zu untersuchen, dazu zählen zum Beispiel makroskopische Phasenseparationen in der BHJ oder Fullerene-Kristallite, die sich an der Oberfläche bilden.

Hier sind einerseits die verschiedenen lichtmikroskopischen Verfahren im sichtbaren Spektralbereich und die Ramanmikroskopie zu nennen. Stehen hin-gegen die elektrischen Eigenschaften der Solarzelle oder eine Charakterisie-rung ihrer Defekte im Vordergrund, wird bei der *Light-Beam-Induced Current*

Messung (LBIC) die Solarzelle mit einem fokussierten Lichtstrahl abgerastert und der Strom ortsaufgelöst erfasst.

Neben den mikroskopischen Verfahren kann über die Analyse der Absorptionsspektren indirekt auf die molekulare Ordnung beziehungsweise Unordnung in den Polymer-reichen Domänen geschlossen werden, siehe Abschnitt 2.1.2.2 und 5.3.2.

In Kapitel 7 wird gezeigt, dass durch die Analyse der mittels spektroskopischer Ellipsometrie bestimmten anisotropen optischen Konstanten, die räumliche Orientierung der Polymeraggregate bestimmt werden kann.

2.3.3.4 Röntgenstrukturanalyse

Röntgenstrahlung wird durch hochenergetische Elektronenprozesse erzeugt und umfasst Photonenenergien von $100\,eV$ bis zu einigen MeV. Typischerweise wird zwischen harter (Wellenlängen von $\sim 0.01 - 0.3\,nm$) und weicher ($0.3 - 10\,nm$) Röntgenstrahlung unterschieden. Durch die Wahl des Energiebereiches, Einfalls- und Messwinkels können Strukturen vom Sub-Ångströmbereich bis zu einigen $10\,nm$ untersucht werden; es ergibt sich eine Vielzahl experimenteller Konfigurationen. Als leistungsstarke Strahlungsquellen kommen insbesondere Synchrotrone in Betracht, da sie eine breitbandige, linear polarisierte Strahlung hoher Brillanz emittieren und dadurch eine hochpräzise, quantitative Untersuchung, bis hin zu zeitaufgelösten *in-situ* Experimenten, ermöglichen.

Die elementspezifische, elektronische Anregung weicher Röntgenstrahlung wird insbesondere in röntgenspektroskopischen Verfahren, wie der *Near-Edge X-Ray Absorption Fine Structure* (NEXAFS) *Spectroscopy*, genutzt. Dabei regt ein Röntgenphoton ein kernnahes Elektron in einen hochenergetischen, unbesetzten Zustand (Nahkanten-Absorption) an, das bei seiner Relaxation die Emission von Elektronen und Photonen bewirkt. Abhängig von deren Detektionsmethode ist NEXAFS oberflächen- oder bulksensitiv. Durch die Verwendung polarisierter Strahlung ist es möglich, neben der chemischen Komposition die vorherrschende Orientierung der Polymere relativ zum Substrat zu rekonstruieren. Der Röntgenstrahl kann bis auf wenige $10\,nm$

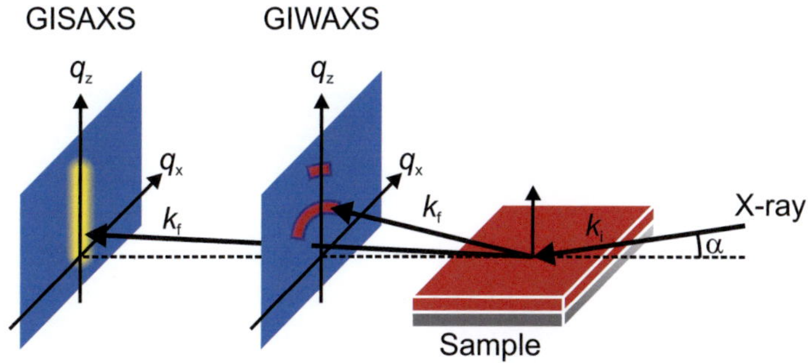

Abb. 2.3.4: Schematische Darstellung der Konfigurationen *Grazing Incidence Wide Angle X-Ray Scattering* (GIWAXS) und *Grazing Incidence Small Angle X-Ray Scattering* (GISAXS). Der einfallende Röntgenstrahl, beschrieben durch seinem Wellenvektor k_i, trifft streifend (Grazing Incidence) unter dem Winkel α auf die Probenoberfläche. Der gestreute Strahl ist durch k_f definiert, q_x und q_z sind die Komponenten des Beugungsvektors in x- und z-Richtung [101, 104].

fokussiert werden und ermöglicht dadurch eine ortsaufgelöste Messung von Komposition, Ordnung und Orientierung der BHJ (NEXAFS (Spectro-) Microscopy oder *Scanning Transmission X-Ray Microscopy* (STXM) [99, 104, 127, 130, 161–163].

Mit harter Röntgenstrahlung werden Beugungs- und Streuexperimente zur Charakterisierung der lokalen Anordnung, respektive Morphologie, durchgeführt. Die einfallenden Röntgenphotonen werden elastisch an den Atomen gestreut und die gemessenen Streuprofile stellen die Fouriertransformierte der atomaren Elektronendichteverteilung dar. Die Bedingung für konstruktive Interferenz der kohärenten Streustrahlung und die Entstehung von Beugungsbildern ist durch die Bragg-Gleichung

$$2d_{\mathrm{hkl}} \sin\theta = n\lambda \tag{2.3.1}$$

gegeben. Dabei beschreibt 2θ den Streuwinkel, die Beugungsordnung wird mit n indiziert.

Neben Transmissions- und Reflexions-Experimenten werden dünne Filme in einer *Grazing Incidence* Geometrie charakterisiert, um störende Substrateinflüsse zu minimieren und um die oberflächennahe Streuung zu verstär-

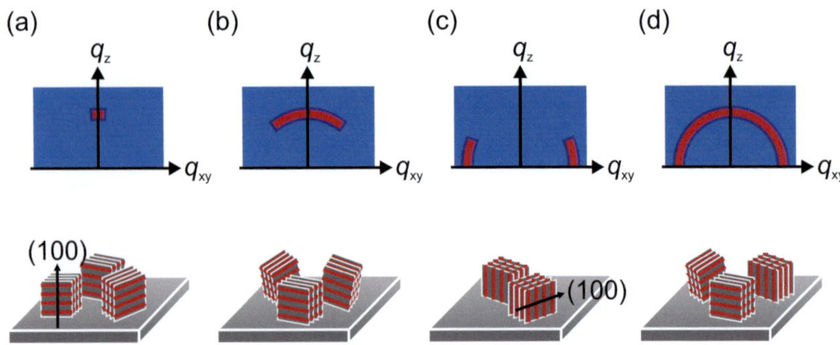

Abb. 2.3.5: Schematische Darstellung verschiedener Orientierungen der Kristallite und der entsprechenden GIWAXS Signaturen für die kristallographische (100) Orientierung. (a) Edge-On. (b) Edge-On mit erhöhter Mosaizität. (c) Stehende Kristallite und (d) Kristallite ohne bevorzugte Orientierung.

ken. In Abhängigkeit von der Distanz des Detektors zur Probe wird zwischen den Oberbegriffen *Wide Angle Scattering* (WAS) und *Small Angle Scattering* (SAS) unterschieden, die beiden Geometrien sind in Abbildung 2.3.4 dargestellt.

Strukturen der kurzen und mittleren Längenskalen, siehe Abschnitt 2.3.1.1 und 2.3.1.2, werden auf dem WAS-Detektor abgebildet, Strukturen der langen Distanzen, siehe 2.3.1.3, auf dem SAS Detektor. Eine detaillierte Beschreibung der verschiedenen Techniken findet sich in den Übersichtsartikeln von Chen und Rivnay [101, 104].

Im Rahmen dieser Arbeit wurden unterschiedliche Proben mittels GIWA-XS untersucht. Im Folgenden wird dafür jedoch die alternative Bezeichnung *Grazing Incidence X-Ray Diffraction* (GIXD) gewählt. Der Begriff GIXD betont die Streuung an den Kristallebenen und die damit einhergehende hohe Auflösung, während der Term GIWAXS den weiten Winkelbereich in Abgrenzung zur GISAXS betont [164]. Die Entstehung typischer Beugungsbilder ist in Abbildung 2.3.5 veranschaulicht. Zeigt der Streuvektor senkrecht zur Substratebene (q_z), existieren periodische Strukturen, die parallel zur Substratebene angeordnet sind (echte spekulare Geometrie), Abbildung 2.3.5a. Sind diese Strukturen nicht perfekt parallel zum Substrat orientiert (erhöhte Mosaizität), erfährt die punktförmige Reflexion eine Verbreiterung, Abbildung 2.3.5b. Ist der Streuvektor parallel zur Substratebene orientiert (q_{xy}), sind die Streuebenen, wie in Abbildung 2.3.5c gezeigt, senkrecht zum Substrat ausgerichtet. Besitzen die Kristallite keine bevorzugte Orientierung, wird ein ringförmiges Signal detektiert, siehe Abbildung 2.3.5d [101, 104].

Um die der Morphologieausbildung zu Grunde liegenden physikalischen Prozesse detailliert analysieren zu können, wurden in den letzten Jahren, auch im Rahmen dieser Arbeit, verstärkt zeitaufgelöste *in-situ* Experimente während der Morphologie-Entwicklung durchgeführt [116, 120, 131, 145, 148, 165–171].

Durch Kombination von NEXAFS mit SAS beziehungsweise Reflexion sind kurz nach der Jahrtausendwende die Methoden *Resonant Soft X-Ray Scattering* (r-SoXS) und *Reflectivity* (r-SoXR) entwickelt worden. Beide Methoden nutzen die unterschiedlichen Nahkantenabsorptionen von Donator und Akzeptor, um bei Streu- und Reflexions-Messungen auf nur eine der chemischen Komponenten sensitiv zu sein. Dadurch wird es möglich, die Größe der separierten Phasen und die Rauigkeit der Grenzfläche zu untersuchen [104, 122, 144, 172].

2.3.3.5 Neutronen-basierte Verfahren

Während die Röntgenphotonen mit den Elektronen der zu untersuchenden Probe wechselwirken, erfolgt bei Neutronen-basierten Verfahren die Wechselwirkung mit den Atomkernen. Obwohl die Natur der Wechselwirkung unterschiedlich ist, können Analyse und Experiment in ähnlicher Weise durchgeführt werden. Die bekanntesten Methoden sind *Small Angle Neutron Scattering* (SANS) und *Neutron Reflectivity* (NR). Besonders die letztgenannte Methode wird häufig zur Untersuchung der vertikalen Phasenseparation heran gezogen [102, 125, 126, 128–131, 173, 174].

3 Präparation und Charakterisierung

Die Herstellung organischer Solarzellen erfolgt durch sequenzielles Abscheiden funktionaler Schichten aus der Flüssigphase. Im Rahmen dieser Arbeit werden zwei verschiedene Bauteilarchitekturen betrachtet, die Standardarchitektur und die invertierte Architektur. Die Präparation beider Typen folgt ähnlichen, grundlegenden Prozessschritten und wird in diesem Kapitel beschrieben. Im Anschluss wird die sich der Prozessierung anschließende (elektro-) optische Charakterisierung erläutert, bevor im letzten Abschnitt die zur Morphologieuntersuchung verwendete Low-keV HAADF STEM beschrieben wird.

3.1 Aufbau und Materialien

In dieser Arbeit werden organische Solarzellen, hergestellt in der sogenannten Standardarchitektur, siehe Abbildung 3.1.1a, und in der invertierten Architektur, Abbildung 3.1.1b, betrachtet. Der Begriff Standardarchitektur wird verwendet, da dieser Aufbau viele Jahre typisch für die in den Laboren gefertigten Solarzellen war [175].

In der in Abbildung 3.1.1a dargestellten Standardarchitektur werden Löcher über den transparenten Lochleiter (*Hole Transporting Layer*, HTL) Poly(3,4-ethylenedioxythiophen):Polystyrenesulfonat (PEDOT:PSS) zur ebenfalls transparenten ITO-Anode abgeführt. Die Elektronen werden über die gegenüberliegende, eine niedrige Austrittsarbeit von $\Phi_{Ca} = 2.9\,\mathrm{eV}$ aufweisende Kalzium-Kathode effizient extrahiert. Ein dünner Aluminium-Film schützt die empfindliche Kalzium-Kathode.

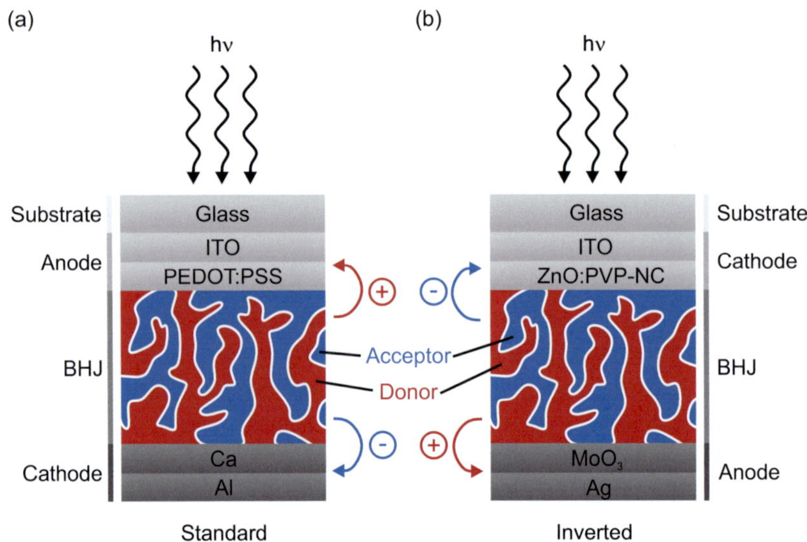

Abb. 3.1.1: Schichtabfolge in einer organischen Solarzelle. (a) Standardarchitektur und (b) invertierte Architektur. In der Standarchitektur übernimmt das PEDOT:PSS die Funktion der lochleitenden Anode und die Elektroden fließen über die Ca-Kathode ab. In der invertierten Architektur werden über den ZnO:PVP-Nanokomposit die Elektronen und über das MoO_3 die Löcher extrahiert. Die dem einfallenden Licht zugewandte Seite wird als Frontseite bezeichnet, die abgewandte, opake Seite als Rückseite. Es ist zu beachten, dass im Kontext der Prozessierung die dem Licht zugewandte Seite als Unterseite und die dem Licht abgewandte Seite als Oberseite bezeichnet wird.

Bei der invertierten Architektur sind die Kathode und Anode gegenüber der Standardarchitektur getauscht. Um die Energieniveaus anzupassen, werden andere Elektroden-Materialien verwendet: Das hygroskopische, saure PE-DOT:PSS und die hochreaktiven Kathoden-Materialien können durch intrinsisch stabile Oxide wie Molybdän(VI)-Oxid (MoO_3) und Zinkoxid (ZnO) ersetzt werden. Dadurch ist es möglich, langzeitstabile Solarzellen zu fertigen, die unter ambienten Bedingungen eine nur geringe Degradation zeigen [16]. Der invertierte Aufbau ist typisch für großflächige R2R-Prozessierungen [8, 17].

Neben Stabilitätskriterien beeinflusst die Richtung einer vertikalen Phasenseparation, siehe Abschnitt 2.3.1.3, die Entscheidung, welcher Architektur im Einzelfall der Vorzug zu geben ist [176]. Ist zum Beispiel auf der Lichtzugewandten Seite der Fulleren-Anteil höher als der Polymer-Anteil, sollte die dortige Elektrode gute Elektronen-Transporteigenschaften besitzen; folglich wäre eine invertierte Struktur vorzuziehen, siehe Abbildung 3.1.1.

In der in Abbildung 3.1.1b gezeigten invertierten Architektur wird auf das ITO eine ZnO-beinhaltende Elektronentransportschicht (*Electron Transporting Layer*, ETL) abgeschieden. ZnO ist ein intrinsisch n-dotierter, direkter Halbleiter und durch seine Bandlücke von 3.4 eV transparent im sichtbaren Spektralbereich [177]. Parasitäre Absorption kann daher auf ein Minimum reduziert werden. Des Weiteren weist ZnO eine niedrige Austrittsarbeit sowie eine hohe Elektronen-Mobilität auf und ist als ITO-seitiges Kathodenmaterial prädestiniert.

Das ZnO wird in Form eines ZnO:Polyvinylpyrrolidon-Nanokomposit-Films (ZnO:PVP) aufgebracht. Der ZnO:PVP-Nanokomposit besteht aus kleinskaligen ZnO-Clustern, deren Wachstum von der PVP-Matrix gehemmt wird. Durch das Verhältnis ZnO zu PVP können Größe und Konzentration der ZnO-Nanocluster variiert werden, außerdem unterbindet das PVP eine Aggregation der ZnO-Cluster auf größeren Längenskalen [175, 178–180].

Die Lochextraktion in der invertierten Solarzelle erfolgt mittels einer MoO_3/Silber-Anode [175].

Die Herstellung beider Architekturen folgt einem ähnlichen, grundlegenden Prozessablauf und wird im Folgenden beschrieben.

3.2 Probenpräparation

Typische Schichtdicken in einer OSC liegen zwischen 20 und 200 nm. Folglich muss bei der Herstellung der Bauteile erhebliche Sorgfalt verwendet werden, dass keine Partikel aus der Umgebungsluft auf die Probenoberfläche gelangen. Alle Proben dieser Arbeit wurden in einem Reinraum mit den Reinraumklassen ISO 3 bis ISO 5 hergestellt [181]. Da die verwendeten organischen Materialien unter Umgebungsbedingungen degradieren, erfolgen die der Probenvorbereitung folgenden Prozessschritte in einer sauerstoff- und wasserarmen Umgebung. Die dafür verwendeten Gloveboxen erzielen mit ihrer integrierten Gasreinigung Reinheitswerte für $O_2 < 1\,ppm$ und $H_2O < 1\,ppm$. Für die verschiedenen Prozessschritte stehen mehrere Gloveboxen zur Verfügung, wobei der Substrattransport zwischen den Gloveboxen in gasdichten Transferbehältern erfolgt. Um eine gleichbleibende Qualität der organischen Ausgangs-Materialien sicherzustellen, erfolgt deren Lagerung in einem in eine Glovebox integrierten Kühlschrank bei $4\,°C$ in Dunkelheit.

Die Dokumentation der Versuche erfolgte in einer fortlaufenden Datenbank. Für jede prozessierte Solarzellencharge wurde eine neue Chargennummer vergeben. Je nach experimenteller Fragestellung umfasst eine Charge unterschiedliche Substrate, Lösungsmittel, Polymere, Fullerene, D:A Verhältnisse, Konzentrationen, Schichtdicken oder Additivanteile. Neben der Dokumentation der Chargen erfolgte eine Einzeldokumentation für nicht-kommerziell erhältliche Materialien. Diese Forschungsmaterialien standen im Rahmen von Kooperationen mit externen Partnern zur Verfügung. Teilweise existieren nur einige $10\,mg$ der Substanzen und sind das Ergebnis mehrerer Personalmonate chemischer Synthese. Die Materialien sind entsprechend wertvoll und ihre Verwendung wird in einer eigenen Chargenverfolgung erfasst.

3.2.1 Substratvorbereitung

Als Ausgangsmaterial für die Herstellung der Substrate werden mit ITO beschichtete Glasplatten[1] verwendet. Aus diesen Platten werden mit einem Glasschneider[2] $64 \times 64\,mm^2$ große Wafer geschnitten, deren ITO-Schicht wie in [48] beschrieben lithographisch strukturiert wird. Die Wafer werden in einem Folgeschritt weiter zu den $16 \times 16\,mm^2$ großen Substraten vereinzelt. Auf jedem dieser Substrate befinden sich vier symmetrisch angeordnete Pixel à $3 \times 3.5\,mm^2$, siehe Abbildung 3.2.1.

Diese Pixel stellen die aktive Fläche der Solarzelle dar. Zu Beginn dieser Arbeit wurden Substrate mit einer abweichenden Pixelanordnung

---

[1]Die ITO-Schichtdicke beträgt $\sim 125\,nm$, der Oberflächenwiderstand ist mit $13\,\Omega/\square$ spezifiziert.
[2]Firma Soluxx.

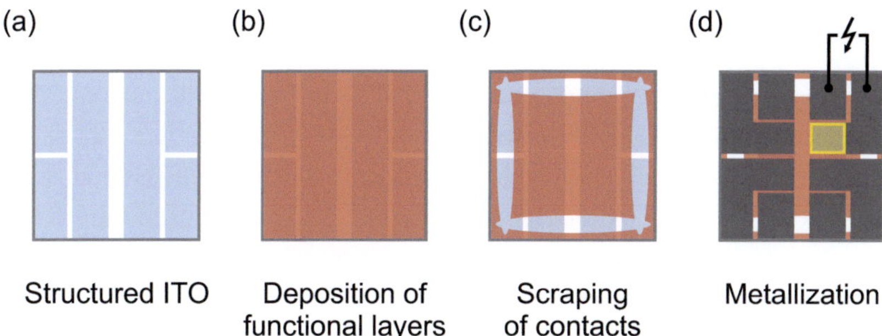

Abb. 3.2.1: Prozessschritte zur Fertigung einer organischen Solarzelle. Darstellung in Aufsicht. (a) Das ITO-Substrat wird lithographisch strukturiert. (b) Die funktionalen Schichten werden nacheinander abgeschieden. (c) Freikratzen der ITO-Kontakte im Randbereich. (d) Aufdampfen der Elektroden. Auf dem Substrat befinden sich vier Solarzellen, die jeweils einzeln elektrisch kontaktiert werden, wie beispielhaft für das obere rechte Pixel dargestellt. Die aktive Fläche dieses Pixels (gelbes Rechteck) ist durch die Breite des darunterliegenden ITO-Kontaktes und durch die Höhe des hineinragenden Metallfingers definiert. In (d) würde die Beleuchtung von der dem Betrachter abgewandten Seite erfolgen.

verwendet (Kapitel 5, $2 \times 2\,\mathrm{mm}^2$). Von diesem ursprünglichen Layout mit seinen unterschiedlich langen Kontaktbahnen und somit Serienwiderständen der Solarzelle wurde zugunsten einer symmetrischen Anordnung der Pixel Abstand genommen [182]. Dadurch sind die Messwerte der einzelnen Pixel untereinander vergleichbar, was die Statistik der Auswertung verbessert.

Die Reinigung der Substrate erfolgt mehrstufig: Die in einem Teflonhalter befindlichen Substrate werden für jeweils 30 min in einem Ultraschallbad in Aceton beziehungsweise Isopropanol gereinigt. Danach werden sie einzeln entnommen und zügig mit Stickstoff trocken geblasen, um eine Schlierenbildung durch den trocknenden Lösemittelfilm zu verhindern. Letzte organische Verunreinigungen werden in einer zweiminütigen Sauerstoff-Plasma-Behandlung[3] entfernt.

---

[3] Diener Electronic. Leistung 300 W, O_2-Fluss 30 sccm.

3.2.2 Funktionale Schichten aus der Flüssigphase

Die flüssigprozessierten Schichten der in dieser Arbeit diskutierten Bauelemente wurden per *Spincoating*[4] abgeschieden. Bis auf den ZnO:PVP-Nanokomposit-Film wurden alle organischen Funktionsschichten in einer Glovebox mit integriertem Lösemittelabsorber und laminarer Luftumwälzung aufgebracht. Der Laminarflow reduziert die Partikelkonzentration im Arbeitsbereich um den Spincoater, so dass lokal eine Partikelkonzentration entsprechend der Reinraumklasse ISO 2 erreicht wird.

3.2.2.1 PEDOT:PSS

Die verschiedenen Formulierungen von PEDOT:PSS liegen in wässriger Dispersion vor. In dieser Arbeit wurde ausschließlich das Produkt Clevios™ P VP AI 4083 von Heraeus verwendet [183]. Die Vorbereitung der Dispersion kann an Luft stattfinden, der eigentliche Beschichtungsvorgang geschieht in inerter Atmosphäre.

Die PEDOT:PSS Dispersion neigt dazu Agglomerate zu bilden, und wird daher zuerst durch eine hydrophile $0.45\,\mu$m Polyvinylidenfluorid-Membran[5] gefiltert. Im Anschluss wird sie mit Reinstwasser im Volumenverhältnis 1:1 verdünnt, um die benötigten, geringen Schichtdicken von ~ 20nm zu erreichen. Zum Auflösen der verbliebenen Agglomerate und um eine gute Durchmischung zu erzielen, wird die verdünnte Dispersion für 20 min in ein Ultraschallbad gestellt.

Eine Ausnahme bilden Proben an denen elektronenmikroskopische Analysen in Transmission durchgeführt werden. Bei diesen Proben dient die wasserlösliche PEDOT:PSS-Schicht als Opferschicht, siehe Abschnitt 3.4.1. Damit die zu untersuchende Schicht zerstörungsfrei vom Substrat abgelöst werden kann, sollte die PEDOT:PSS-Schichtdicke mindestens 40 nm betragen. Dazu wird die PEDOT:PSS Dispersion leicht- oder unverdünnt aufgebracht, allerdings auf Kosten eines leicht erhöhten Serienwiderstandes der Solarzelle.

---

[4]Süss MicroTec, RC-5.
[5]Merck Millipore, Millex-HV Filter.

Tab. 3.2.1: Spincoatparameter zum Abscheiden einer circa 20 nm dicken PEDOT:PSS-Schicht.

Prozessschritt	Drehzahl [U/min]	Beschleunigung [U/(min s)]	Dauer [s]
1	500	100	3
2	4000	500	55

Das Spincoaten der PEDOT:PSS-Schicht sollte in direktem Anschluss an die Sauerstoff-Plasma-Behandlung erfolgen, da sich dadurch die Benetzbarkeit der Oberfläche für polare Fluide erhöht. Der Grund hierfür sind Sauerstoff-Ionen, die an der ITO-Oberfläche angelagert werden und sie hydrophilisieren. [48]. Der Effekt ist reversibel und verschwindet nach circa 30 min.

Auf Grund der guten Benetzbarkeit der ITO-Oberfläche genügen 50 μl PEDOT:PSS Dispersion, um einen geschlossenen Nassfilm zu bilden. Die für die Beschichtung gewählten Spincoatparameter sind in Tabelle 3.2.1 angegeben. Nach erfolgter Beschichtung werden die Substrate für 10 min bei mindestens 120 °C in einem vorgeheizten Vakuumofen dehydriert und kühlen dann innerhalb der Glovebox auf Raumtemperatur ab.

3.2.2.2 ZnO:PVP-Nanokomposit

Die ZnO:PVP-Nanokomposit-Elektrode wird durch einen Sol-Gel Prozess auf dem Substrat abgeschieden. Da die Umsetzung des Precursors nur an Luft erfolgt, werden die ZnO:PVP Schichten außerhalb der Glovebox prozessiert. Die Formulierung des Precursors entspricht derjenigen, die von Small et al. und Subbiah et al. beschrieben wurde [175, 176]: 55 mg Zinkacetat-Dihydrat[6] und 15 mg Polyvinylpyrrolidon[7] werden in 5 ml Ethanol durch 10-minütiges Rühren bei 70 °C gelöst. Nach Zugabe von 15 μl Ethanolamin[8] wird die

---

[6]Sigma-Aldrich, $Zn(CH_3COO)_2 \cdot 2H_2O$, 99.999 %.

[7]Sigma-Aldrich, $(C_6H_9NO)_n$, Massenmittel der Molmasse (*Weight Average Molecular Weight* M_w) $\sim$ 1.300.000.

[8]Sigma-Aldrich, C_2H_7NO, $\geq$ 99.0 %.

Tab. 3.2.2: Spincoatparameter zum Abscheiden einer 25 nm ZnO:PVP-Nanokomposit-Elektrode. Es werden 60 µl Precursor auf das Substrat aufgetragen.

Prozessschritt	Drehzahl [U/min]	Beschleunigung [U/(min s)]	Dauer [s]
1	300	600	3
2	3000	6000	40

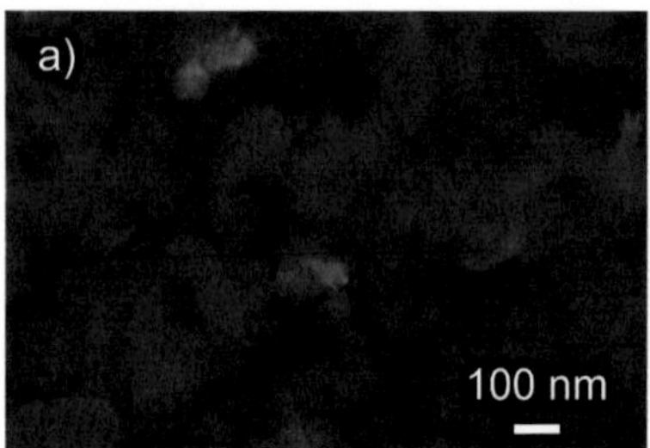
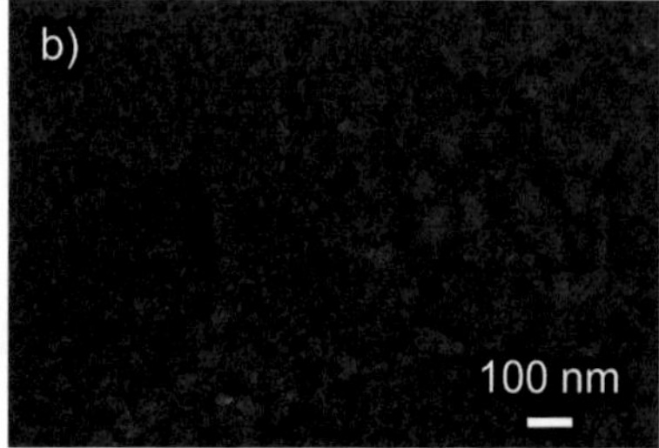

Abb. 3.2.2: *Scanning Electron Microscopy* (SEM) Bild eines (a) unbehandelten ZnO:PVP-Nanokomposit-Films und (b) nachdem er in Aceton geschwenkt wurde. In (b) werden feinere Strukturen ersichtlich. Dies deutet darauf hin, dass das isolierende PVP erfolgreich von der Oberfläche entfernt wurde [176, 184, 185]. Mit freundlicher Genehmigung der American Chemical Society, Copyright 2013.

Lösung mindestens für weitere 2 h gerührt, bis keine Partikel mehr zu erkennen sind. Der Ansatz ist praktisch unbegrenzt haltbar.

Nach dem Spincoaten des Sol-Gel ZnO, Parameter siehe Tabelle 3.2.2, werden die beschichteten ITO-Substrate 30 min bei 200 °C auf einer Heizplatte ausgeheizt. Im Anschluss wird die Heizplatte ausgeschaltet und ihre natürliche Abkühlung genutzt, um die Substrate langsam auf Raumtemperatur abkühlen zu lassen. Die erkalteten Substrate werden für jeweils 30 s in Aceton und Wasser geschwenkt und dann mit Stickstoff trocken geblasen [184, 185]. Die ZnO:PVP-Nanokomposit-Elektrode hat eine Schichtdicke von circa 25 nm.

Durch die Acetonbehandlung verändert sich die ZnO:PVP-Film Topographie, wie in Abbildung 3.2.2 gezeigt, und feinere Strukturen werden sichtbar[9]. Die Veränderung der Oberfläche in Kombination mit einem reduzierten Serienwiderstand der Solarzellen deutet darauf hin, dass das isolierende Polymer PVP erfolgreich von der Oberfläche des ZnO:PVP-Nanokomposit-Films entfernt wurde [184, 185]. Eine ähnliche Änderung der Topographie und eine Reduktion des Serienwiderstandes von Solarzellen haben Small et al. bei einer UV-Ozon behandelten Nanokomposit-Elektrode beobachtet [175].

3.2.2.3 Donator:Akzeptor

Die Polymere und Fullerene liegen als Feststoff in Pulverform vor. Das Abwiegen erfolgt mit einer Analysewaage[10] in einer Glovebox. Um die dabei unvermeidliche elektrostatische Aufladung der Materialien zu reduzieren, kommt ein aktives Hochspannungsionisations-System[11] zum Einsatz [186]. Da meist nur wenige Milligramm Material abgewogen werden, würde eine Querkontamination durch andere Materialien, die ebenfalls in dieser Glovebox verarbeitet werden, zu einer, bezogen auf das Volumen, starken Verunreinigung führen. Um dem vorzubeugen, wird ein weiteres Paar Labor-Handschuhe über den Butyl-Handschuhen der Glovebox getragen. Als weitere Maßnahme wird der Arbeitsplatz vor dem Abwiegen einer Trockenreinigung unterzogen[12] und während des Abwiegens eine Klebematte unter gelegt.

Nach dem Abwiegen in Probenflaschen wird das jeweilige Lösemittel und gegebenenfalls ein Prozessadditiv hinzu pipettiert. Als Lösemittel kam im Rahmen dieser Arbeit meist wasserfreies Chlorbenzol[13] (CB) oder 1,2-Dichlorbenzol[14] (DCB) zum Einsatz. Die wasserfreien Lösemittel werden ebenfalls inert gelagert.

In Abhängigkeit von Löslichkeit und thermischer Stabilität der Materialien werden die Probenflaschen mit den Ansätzen auf einen Schüttler oder einen temperierten Magnetrührer gestellt. Manche der untersuchten Substanzen, wie

---

[9]Die Abbildungen wurde von Dipl.-Phys. Manuel Reinhard mit einem Zeiss Supra 55VP Rasterelektronenmikroskop aufgenommen.

[10]Sartorius, CP225D, Auflösung 0.01 mg.

[11]Haug, S-Line Ionisatiossysteme.

[12]3M, Scotch™-Brite Fusselroller.

[13]Sigma-Aldrich, Anyhydrous, 99.8 %.

[14]Sigma-Aldrich, Anyhydrous, 99 %.

Tab. 3.2.3: Typische Spincoatparameter zum Abscheiden der D:A-Schicht. Mit diesen Parametern wurden die Solarzellen in den Kapiteln 5 und 6 prozessiert.

Prozessschritt	Drehzahl [U/min]	Beschleunigung [U/(min s)]	Dauer [s]
1	100	100	1
2	300	100	1
3	1000	100	70

das Polymer in Kapitel 6, können in gelöster Form unter Lichteinstrahlung degradieren; diese Probeflaschen wurden daher zusätzlich mit Alufolie umwickelt.

Die Fluide werden auf die vorbereiteten ITO/PEDOT:PSS- beziehungsweise ITO/ZnO:PVP-Substrate per Spincoaten appliziert. Wenn Materialien schlecht löslich sind, die Lösung hochviskos ist oder eine schnelle Trocknung gewünscht wird, ist es vorteilhaft, bei höheren Temperaturen zu beschichten. Dazu werden vor der Beschichtung die Lösung auf einem beheizten Magnetrührer und die Substrate auf einer Heizplatte gelagert. Dadurch ist die Beschichtungstemperatur $T_{\text{deposition}}$ nahezu frei wählbar und wird für die Zeitdauer der Prozessierung einer kompletten Charge konstant gehalten.

Die in den Kapiteln 5 und 6 verwendeten Spincoatparameter sind in Tabelle 3.2.3 gegeben. Detailliertere Beschreibungen zu den individuellen Prozessen finden sich in den jeweiligen Kapiteln.

3.2.3 Aufdampfen der Elektroden

Die Elektroden werden unter Hochvakuumbedingungen thermisch aufgedampft. Die Aufdampfanlage[15] ist direkt mit einer Glovebox verbunden und wird inert beladen.

Die zu beschichtenden Substrate werden auf einem Halter fixiert und mit einer sogenannten Kratzmaske abgedeckt. Durch die Öffnungen dieser Maske werden mit einem weichen Kunststoff-Kratzer in definierten Bereichen die

---

[15]Lesker, Spectros.

funktionalen Schichten vom Substrat entfernt, siehe Abbildung 3.2.1c. Die Kratzmaske wird durch eine Schattenmaske ersetzt und der Halter kopfüber in den Vakuumrezipienten der Aufdampfanlage gehängt. Nach Erreichen des Solldrucks von ungefähr $5 \cdot 10^{-7}$ mbar wird mit einem Widerstandsheizer das Metall in der Quelle erhitzt und zum Verdampfen gebracht. Durch Regelung des Stromflusses lässt sich die gewünscht Aufdampfrate einstellen. Mit Erreichen der Solldicke wird durch Schließen eines Shutters der Aufdampfprozess beendet. Nach Entfernen der Schattenmaske sehen die Substrate wie in Abbildung 3.2.1d schematisch dargestellt aus.

3.2.4 Nachbehandlung

In manchen D:A-Systemen wird durch eine thermische Nachbehandlung (*Postbake*), wie in Kapitel 2.3.2 beschrieben, eine vorteilhafte Modifikation der Morphologie erzielt. Dabei müssen die Parameter Temperatur, Zeitdauer und Abkühlgeschwindigkeit dieser Nachbehandlung für jedes Materialsystem individuell optimiert werden. In Kapitel 5 werden die Auswirkungen des Postbakes auf die optoelektronischen und morphologischen Eigenschaften von Solarzellen mit dem Donator Poly(3-hexylselenophene-2,5-diyl) (P3HS) untersucht.

3.2.5 Verkapselung

Zunächst wird für jede Solarzelle die $J - V$ Kennlinie aufgenommen, siehe Abschnitt 3.3.1. Ist geplant, weitere Messungen an Luft durchzuführen, wie zum Beispiel Absorptionsmessungen, wird die Solarzelle verkapselt, um die empfindlichen Schichten gegen Degradation zu schützen. Auf die zu schützende aktive Fläche wird ein lösungsmittelfreier Zweikomponenten-Reaktionsklebstoff auf Epoxidharz-Basis[16] aufgetragen und mit einem Kalk-Natron-Glas passender Größe abgedeckt. Nachdem der Klebstoff ausgehärtet ist, kann das Bauteil aus der Glovebox entnommen werden. Die Langzeitstabilität der Verkapselung ist ein Materialsystem-spezifischer Parameter und muss im Einzelfall geprüft werden.

---

[16]Uhu, UHU plus endfest 300.

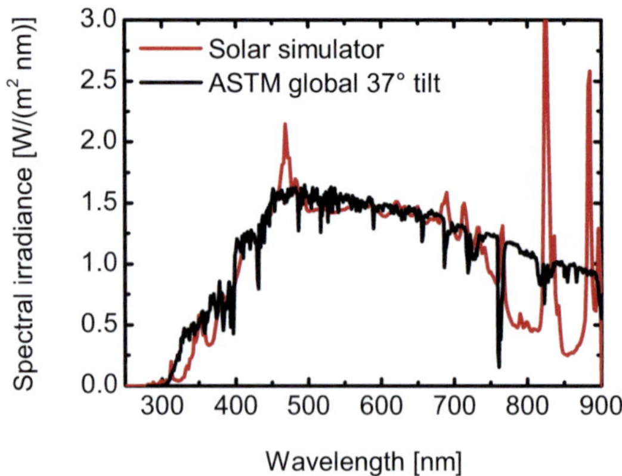

Abb. 3.3.1: Vergleich des Referenzspektrums ASTM G173-03(2012) mit dem vom Solarsimulator emittierten Spektrum [52]. Vom UV bis zu $\lambda \approx 720\,\mathrm{nm}$ bildet der Solarsimulator das solare Spektrum sehr gut nach. Die Peaks bei $468\,\mathrm{nm}$, $826\,\mathrm{nm}$ und $882\,\mathrm{nm}$ entstehen durch die Überlagerung intensiver Xenon-Linien [187].

3.3 Elektrische und optische Charakterisierung

In diesem Abschnitt wird das Verfahren zur Messung der $J - V$ Kennlinie und die UV/Vis-Spektroskopie beschrieben. Mit beiden Methoden kann ohne hohen experimentellen und zeitlichen Aufwand eine Vielzahl an Informationen über das Bauteil gewonnen werden. Neben diesen beiden Standardmethoden werden die meisten Bauteile ebenfalls einer Schichtdickenmessung per Profilometer[17] unterzogen und es werden ihre Oberflächen lichtmikroskopisch[18] geprüft.

3.3.1 Stromdichte-Spannungs-Kennlinie und Solarsimulator

Das Verfahren zur Bestimmung der Hellkennlinie ist in der Norm IEC 60904-1 definiert [188]. Unter anderem muss eine Laborlichtquelle mit definierter spektraler Bestrahlungsstärke die Solarzelle beleuchten. Dafür kommt typi-

---

[17]Bruker AXS, DektakXT.

[18]Zeiss, Axioplan 2 Imaging.

scherweise ein Solarsimulator mit einer Xenon-Lampe als Lichtquelle zum Einsatz. Das Xenonspektrum wird durch einen Filter dem Referenzspektrum ASTM G173-03(2012) angepasst [52]. Ein Linsenarray im Strahlgang sorgt für eine räumlich homogene Ausleuchtung in der Messebene. Die Bestrahlungsstärke von $1000\,W/m^2$ in der Messebene ist ebenfalls in der Norm ASTM G173-03(2012) festgelegt und entspricht einer Luftmasse (*Air Mass*) von AM1.5 G und umfasst somit den direkten und diffusen Strahlungsanteil.

Im Rahmen dieser Arbeit wurden die $J - V$ Kennlinien in einer Glovebox aufgenommen. Dadurch ist es möglich, Solarzellen zeitnah nach der Prozessierung zu vermessen, ohne eine Verkapselung vorzunehmen. Zu Beginn dieser Arbeit befand sich der komplette Solarsimulator[19] mit seinem Netzteil innerhalb der Glovebox und hat bei längerem Betrieb zu einer Erhöhung der Glovebox-Innenraumtemperatur geführt. Um diese unerwünschte Temperaturvariation zu vermeiden, wurde im Rahmen einer Neubeschaffung des Charakterisierung-Glovebox-Clusters eine kundenspezifische Seitenwand konstruiert, um den Solarsimulator außerhalb der Glovebox zu betreiben. Durch ein Quarzfenster[20] strahlt der Solarsimulator auf die Proben-Messebene in den Innenraum der Glovebox, allerdings ohne die Glovebox durch seine Abluft zu erwärmen.

Die Xenon-Lampe, Optiken und der Filter des Solarsimulators sind einer Alterung unterworfen, außerdem können sich die Optiken dejustieren. Daher wird die, auf die Proben-Messebene auftreffende, spektrale Leistung kontinuierlich mit einem kalibrierten Spektrometer überwacht und gegebenenfalls angepasst. In Abbildung 3.3.1 sind das Referenzsspektrum ASTM G173-03(2012) und das Spektrum des Solarsimulators einander gegenübergestellt.

Die eigentliche Messung der $J - V$ Kennlinien erfolgt softwaregesteuert mittels einer *Source Mesurement Unit*[21] (SMU) wie in [48] beschrieben. Dazu wird das Substrat in einem Halter fixiert, die einzelnen Pixel sequentiell über einen Multiplexer adressiert und die $J - V$ Kennlinien aufgenommen. Durch einen Shutter im Strahlgang des Solarsimulators lässt sich die Bestrahlung

---

[19]Newport, Typ 91160-1000, 300 W.

[20]Aachener Quarz-Glas Technologie Heinrich, Quarz EN08, beidseitig mechanisch poliert, Rand geschnitten, Kanten gebrochen, Schauglaspolitur.

[21]Keithley, 238 High-Current Source-Measure Unit.

unterbrechen und die Dunkelkennlinie aufnehmen. Der für die Messung verwendete Halter wurde ebenfalls neu konstruiert und ist identisch mit dem Haltersystem, welches zur *EQE*-Messung verwendet wird und im Kapitel 4.1.3 detailliert beschrieben ist.

3.3.2 Optische Charakterisierung

Die optischen Eigenschaften von Dünnfilmen, Solarzellen und verdünnter Lösungen wurden mit einem Zwei-Strahl Spektrophotometer[22] bestimmt. In Abhängigkeit von der experimentellen Fragestellung wird die optische Konfiguration des Gerätes angepasst. In der gewöhnlichen Transmissionsmessung wird die direkte Transmission unter normalem Einfall bestimmt. Dieser Modus wird insbesondere zum Charakterisieren verdünnter Lösungen und dünner Filme genutzt. Soll eine opake Probe untersucht werden, wird durch Tausch des Detektormoduls eine Ulbrichtkugel in den Strahlgang eingesetzt und es kann die totale Reflexion einer Probe bestimmt werden. Der große Vorteil einer reflektiven Messung liegt darin, dass die einzelnen Solarzellen trotz ihrer opaken Metallelektrode durch die Frontseite optisch untersucht werden können. Infolgedessen ist es möglich, die optische Charakterisierung nach der elektrischen durchzuführen. Die optischen und elektrischen Eigenschaften können pixelweise miteinander korreliert werden.

3.4 Low-keV HAADF STEM

Die Morphologie der Absorberschichten wurde mittels Niederenergie-Rastertransmissionselektronenmikroskopie (Low-keV STEM) kombiniert mit einem HAADF Detektor untersucht. Die Adaption dieser Charakterisierungstechnik zur Analyse organischer Solarzellen geschah am Laboratorium für Elektronenmikroskopie (LEM) des Karlsruher Instituts für Technologie (KIT) und wurde im Rahmen einer intensiven Kooperation unterstützt. In den Kapiteln 5 und 6 wird diese Methode zur morphologischen Analyse von Bulk Heterojunctions eingesetzt. Im Folgenden wird das experimentelle Vorgehen beschrieben und

---

[22]Perkin Elmer, Lambda 1050.

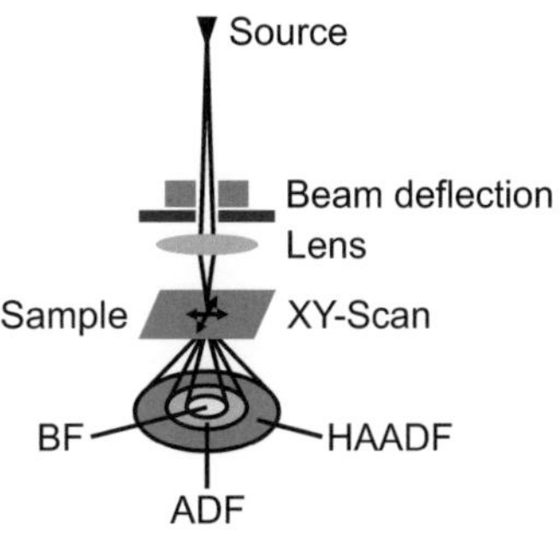

Abb. 3.4.1: Schematische Darstellung des STEM Detektors in einem Rasterelektronenmikroskop. Das Detektorsystem besteht aus drei konzentrisch angeordneten Detektoren. Mittig befindet sich der Hellfeld-Detektor (*Bright-Field*, BF), nach außen schließen der *Annular Dark-Field* (ADF) und der High-Angle Annular Dark-Field (HAADF) Detektor an. Darstellung nach [159].

erläutert, wie die Signalintensität mit der Elektronenenergie und der Schichtdicke korreliert. [23]

3.4.1 Probenpräparation und Instrumentierung

Für die Low-keV HAADF STEM Analyse werden nur kleine Proben der aktiven Schicht benötigt. Daher ist es möglich, nach der (elektro-) optischen Charakterisierung der organischen Solarzelle eine Probe vom Substrat zu entnehmen. Die aktive Schicht wird in einem von den Metallkontakten unbedeckten Bereich mit einem Skalpell angeritzt. Ein aufpipettierter Tropfen Wasser löst die Absorberschicht von der darunter befindlichen wasserlöslichen PEDOT:PSS-Opferschicht. Das aufgeschwemmte Fragment der Absorberschicht wird auf ein gewöhnliches TEM-Netzchen aufgebracht [159, 160].

Die elektronenmikroskopischen Abbildungen wurden mit einem FEI Strata 400S DualBeam Mikroskop generiert. Der schematische Aufbau ist in Abbildung 3.4.1 gezeigt. Die gestreuten Elektronen werden von einem 16-bit Halbleiter STEM Detektor unterhalb der für Elektronen transparenten Probe

---

[23]Dipl-Phys. Marina Pfaff hat die im Folgenden erläuterte modifizierte Streuformel abgeleitet und die in dieser Arbeit gezeigten Low-keV HAADF STEM Aufnahmen angefertigt. Die Low-keV HAADF STEM wird in den gemeinsamen Veröffentlichungen [158, 160] detailliert beschrieben.

detektiert. Der Detektor selbst ist in mehrere ringförmige Segmente unterteilt, der innere Hellfeld-Detektor (BF) und die nach außen anschließenden Annular Dark-Field (ADF) und High-Angle Annular Dark-Field (HAADF) Detektoren. Im HAADF STEM-Modus werden nur die Elektronen detektiert, die in den durch den HAADF-Ring definierten Hohlkegel gestreut werden. Die Positionen von Detektor und Polschuh sind unveränderlich, jedoch lässt sich die Höhe der dazwischen befindlichen Probe verstellen. Durch Anpassung des Arbeitsabstandes (*Working Distance*, WD) wird der Detektionswinkel eingestellt [159].

Der Durchmesser des Elektronenstrahls in der Probenebene beträgt circa 1 nm und definiert die maximale Auflösung dieser Abbildungsmethode. Bei dickeren Schichten wird die Auflösung durch die Verbreiterung des Elektronenstrahls reduziert. Die Helligkeit eines Bildpunktes der STEM Abbildung ist proportional zu dem im gewählten Detektorsegment gemessenen Strom. Durch Abrastern der Probe wird die komplette Abbildung aufgebaut [159].

3.4.2 Berechnung von HAADF STEM Intensitäten für niedrige Elektronen-Energien

Für die Interpretation und Optimierung der Low-keV HAADF STEM Abbildungen ist es essentiell, die zu Grunde liegenden Streuprozesse beschreiben zu können. Dafür wurden von Marina Pfaff et al. experimentelle Low-keV HAADF STEM-Intensitäten amorpher Kohlenstofffilme und P3HT-Schichten mit den Ergebnissen von Monte Carlo Simulationen und dem semiempirischen Ausdruck von Bothe zur Beschreibung multipler Elektronenstreuprozesse verglichen [158, 189].

Basierend auf dieser Analyse, wurde der Ausdruck von Bothe für den mittleren quadratischen Streuwinkel $\overline{\theta_{\mathrm{B}}^2}$ für Materialien mit niedriger mittlerer Ordnungszahl Z und Elektronen-Energien E zwischen 3 und 15 keV zu

$$\overline{\theta_{\mathrm{B}}^2} = 9.2 \cdot 10^{12} \left(\frac{Z}{E}\right)^2 \frac{\rho t}{A} \left[\mathrm{rad}^2\right] \tag{3.4.1}$$

modifiziert [158, 160]. Dabei ist ρ die Materialdichte, t die Schichtdicke und A die mittlere Massenzahl.

Die Winkelverteilung der Elektronen nach Durchdringen der Probe wird in ihrer semiklassischen Beschreibung durch eine Gauss-Funktion angenähert. Die normierte Elektronenintensität ist durch

$$\frac{I(\theta)}{I_0} = \frac{\mathrm{d}\Omega}{2\pi\overline{\theta^2}} \mathrm{e}^{-\theta^2/2\overline{\theta^2}} \tag{3.4.2}$$

gegeben [190]. I_0 ist die Intensität der einfallenden Elektronen und θ der Streuwinkel. Durch Einsetzen von Gleichung 3.4.1 in Gleichung 3.4.2 und Integration über den Raumwinkel $\mathrm{d}\Omega$ wird die in den Hohlkegel des HAADF STEM-Detektors gestreute Intensität I_{HAADF} berechnet [158].

Mit Gleichung 3.4.1 wird deutlich, dass die Kontrastentstehung in Low-keV HAADF STEM Abbildungen durch die unterschiedlichen Material-Parameter und die lokale Schichtdicke beeinflusst wird und gleichzeitig eine Funktion der gewählten Elektronenenergie ist. Folglich kann die Intensität nicht als "einfacher" Z-Kontrast interpretiert werden. Da eine Kontrastinversion als Funktion der Probenschichtdicke oder der Elektronenenergie auftreten kann, ist es ratsam, die HAADF STEM-Signalintensitäten zu berechnen, um die Komponenten der BHJ zuverlässig zu identifizieren [160]. Außerdem müssen Intensitätsvariationen durch lokale Schichtdickenvariationen sorgfältig von einem Materialkontrast unterschieden werden [160].

In Kapitel 5 wird die Low-keV HAADF STEM angewendet, um die durch thermische Behandlung induzierte morphologische Modifikation von Solarzellen zu untersuchen. Da es sich bei der Low-keV HAADF STEM um ein rasterndes Verfahren mit einer linearen Kontrast-Transferfunktion handelt, ist eine quantitative Bildanalyse möglich [191]. Die Ergebnisse der quantitativen Auswertung korrelieren direkt mit den optoelektronischen Eigenschaften der Solarzelle [159]. In Kapitel 6 wird die Low-keV HAADF STEM in Kombination mit GIXD eingesetzt, um den Einfluss von Additiven auf die Ausbildung der Morphologie der BHJ zu erklären [185].

4 Entwicklung eines Messplatzes zur Bestimmung der externen Quanteneffizienz

Um neue Absorbermaterialien und die Morphologie organischer Solarzellen untersuchen zu können, wurden die zur Verfügung stehenden experimentellen Methoden um neue Verfahren ergänzt. In diesem Kapitel werden Konzeption, Aufbau und Funktion eines Messplatzes zur Bestimmung der externen Quanteneffizienz beschrieben. Die Bedeutung von Quanteneffizienz-Messungen zur spektralen Charakterisierung organischer Solarzellen und zur präzisen Bestimmung der Kurzschlussstromdichte J_{sc} wurde in Kapitel 2.2.1.3 erläutert.[1]

4.1 Beschreibung des Aufbaus

Bei einer Quanteneffizienzmessung wird die bei einer bestimmten Wellenlänge und Bestrahlungsstärke in einer Solarzelle generierte Stromdichte mit der an einer kalibrierten Referenzzelle bestimmten Stromdichte verglichen. Das Verhältnis der beiden Stromwerte ergibt die Quanteneffizienz. Allerdings ist die Stromantwort einer organischen Solarzellen auf Grund von Verlustprozessen höherer Ordnung keine lineare Funktion der optischen Leistung. Daher soll die Solarzelle während der Messung der *EQE* mit einer dem solaren Spektrum ähnelnden Biasbeleuchtung konstant beleuchtet werden. Um nur den durch monochromatische Strahlung generierten Strom zu detektieren, wird die monochromatische Strahlung mit einem Zerhacker (*Chopper*) moduliert und das Messsignal der Solarzelle mit einem Lock-In-Verstärker analysiert. Gleichzei-

---

[1]Bei der Realisierung des Messplatzes unterstützten die Studenten Dipl.-Ing. Johannes Drewniok, Dipl.-Ing. Markus Schröder und Dipl.-Phys. Konstantin Glaser [192, 193]. Für inhaltliche Diskussionen, Optimierung des Systems und Vergleichsmessungen war die Zusammenarbeit mit Dr. Stefan Winter von der Physikalisch-Technischen Bundesanstalt in Braunschweig, Arbeitsgruppe 4.14 Solarzellen, von großem Wert.

Tab. 4.1.1: Spezifikationen des *EQE*-Messplatzes.

Spezifikationen	
Spektraler Bereich	$280 - 1800\,\text{nm}$
Spektrale Bandbreite	$1 - 10\,\text{nm}$
Minimale spektrale Schrittweite	$1\,\text{nm}$
Lichtspot auf Messebene	$> 16 \times 16\,\text{mm}^2$
Chopper-Frequenz	DC, $5 - 500\,\text{Hz}$
Weiße Biasbeleuchtung	$0 - 1\,\text{Sonne}$
Monochromatische Biasbeleuchtung	$470\,\text{nm},\ 700\,\text{nm},\ 780\,\text{nm}$
Spannungsbias	$0 - 5\,\text{V}$
Betrieb	optional in Glovebox

tig wird von einem Monitorsystem die Intensitätsschwankung der Lichtquelle gemessen.

In der Planungsphase wurde die Spezifikation des Messplatzes, siehe Tabelle 4.1.1, definiert. Eine Markt-Evaluation ergab, dass zu dem damaligen Zeitpunkt kein kommerzielles System verfügbar war, welches diesen Spezifikationen entsprach. Dies erforderte den Aufbau eines individualisierten Messplatzes. Als Leitlinien für die Planung des Messplatzes wurden die Messnormen IEC 60904-8 und ASTM E 1021 herangezogen [194, 195].

Alle Hardwarekomponenten des *EQE*-Messplatzes werden durch eine LabVIEW-Software angesteuert. Systemkomponenten, die nicht über eine eigene Schnittstelle zu dem Messrechner verfügen, werden über ein Multifunktions-Datenerfassungsmodul[2] angesprochen. Eine ausführliche Dokumentation der Schnittstellen findet sich in [193]. Die Auswertung und Speicherung der Messdaten erfolgt ebenfalls durch die LabVIEW-Software. Das im Folgenden beschriebene System ist in Abbildung 4.1.1 schematisch dargestellt.

---

[2]National Instruments, NI USB-6008.

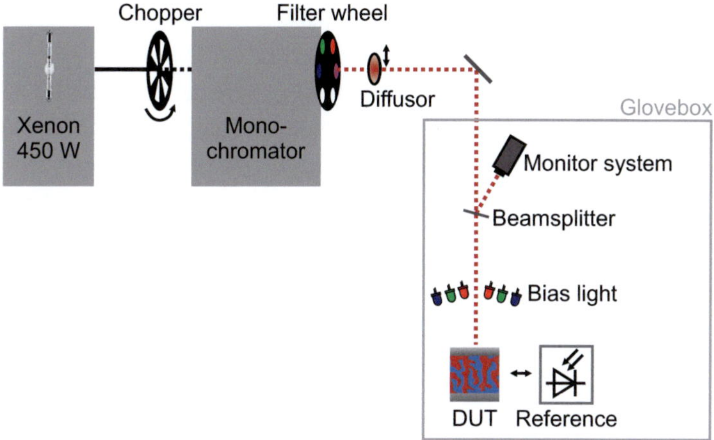

Abb. 4.1.1: Schematische Darstellung des optischen Systems des Messplatzes zur Bestimmung der *EQE*. Die monochromatische Lichtquelle befindet sich außerhalb der Glovebox. Durch ein Quarzglasfenster gelangt die modulierte, monochromatische Strahlung in die Glovebox. Als Biasbeleuchtung wird weißes oder monochromatisches Licht verwendet. Aus Gründen der Übersichtlichkeit sind optische Komponenten wie Linsen und Spiegel nicht dargestellt.

4.1.1 Optisches System

Als Lichtquelle kommt eine Xenon-Kurzbogenlampe[3] mit einem konstantstromgeregelten Netzteil[4] zum Einsatz. Diese emittiert ein breites Spektrum zwischen 260 nm und 2 μm und wird in einem aktiv gekühlten Gehäuse[5] betrieben. Das emittierte Licht wird mit einer Quarzoptik zuerst kollimiert und fokussiert, dann mit einem Chopper[6] moduliert, um auf den Eingangsspalt eines 300 mm Monochromators[7] abgebildet zu werden. Der Monochromator ist mit drei Gittern ausgestattet, so dass ein schmalbandiger Wellenlängenbereich zwischen 280 und 1800 nm selektiert werden kann. Höhere Beugungsordnungen am Ausgang des Monochromators werden durch Langpassfilter, die in

---

[3]Osram, XBO 450 W OFR.

[4]LOT-QuantumDesign, LSN555.

[5]LOT-QuantumDesign, LSH601.

[6]Terahertz Technologies, C-995.

[7]LOT-QuantumDesign, Omni-λ 300, MSH3201.

einem motorisierten Filterrad[8] installiert sind, unterdrückt. Um die räumliche Homogenität der Strahlung zu verbessern, kann ein Diffusor[9] in den Strahlgang eingeschoben werden. Der modulierte, monochromatische Lichtstrahl wird in einer Freistrahlspiegeloptik erneut kollimiert, um anschließend auf die Probenebene fokussiert zu werden. Circa 15 cm oberhalb der Messebene wird durch einen Saphirglas-Strahlteiler[10] ein Teil der modulierten Strahlung auf das Monitorsystem abgelenkt. Zusätzlich bietet sich bei Bedarf die Möglichkeit, eine monochromatische Biasbeleuchtung zu installieren.

Die hier beschriebene monochromatische Lichtquelle ist als eine Einheit auf einem Breadboard aufgebaut und auf der Oberseite einer Glovebox montiert. Die modulierte, monochromatische Strahlung gelangt durch ein Quarzglasfenster in den Innenraum der Glovebox, siehe Abbildung 4.1.1.

4.1.2 Elektrisches System

Die für die verschiedenen spektralen Bereiche benötigten Referenzphotodioden[11,12] und die zu testende Solarzelle (*Device Under Test*, DUT) werden über einen manuellen Multiplexer mit ihrem gemeinsamen Stromverstärker[13] verbunden. Über den zweiten Ausgang des Multiplexers ist es möglich, ein weiteres Messgerät, zum Beispiel zur Strommessung, anzuschließen. Die Stromsignale der Referenzdioden und der Solarzelle werden verstärkt und gewandelt. Meistens wird die Solarzelle dabei im Kurzschluss betrieben. Jedoch muss bei manchen Messungen, wie der Charakterisierung von Tandemsolarzellen, eine Biasspannung angelegt werden [196, 197]. Dies kann in 0.01 V-Schritten zwischen 0 und 5 V erfolgen.

Im Monitorstrahlgang kommen eine Si/InGaAs-Sandwich-Diode[14] und

---

[8]LOT-QuantumDesign, MSZ3122.

[9]Edmund Optics, 5° Diffusionswinkel, UV-enhanced, NT55-849.

[10]Edmund Optics, NT48-920.

[11]ThorLabs, SM1PD2A, Diode Silizium, UV-enhanced, kalibriert von 200 bis 1100 nm (NIST-traceable), 63.6 mm^2.

[12]ThorLabs, FDG03, Diode Germanium, kalibriert von 800 bis 1800 nm (NIST-traceable), 7.06 mm^2.

[13]Femto, DLPCA-S, Kundenspezifische Sonderanfertigung mit externem Bias, basierend auf Modell DLPCA-200.

[14]Hamamatsu, K1713-09.

ein zweiter Stromverstärker[15] zum Einsatz. Die beiden Stromverstärker sind gleich aufgebaut und verfügen jeweils über zwei Verstärkerstufen: Der Hauptverstärker ermöglicht Verstärkungen von 10^3 bis zu 10^9 V/A, die durch die zweite Stufe um einen Faktor 100 erhöht werden können. Die modulierten Spannungssignale der beiden Stromverstärker werden von einem digitalen Zwei-Kanal Lock-In-Verstärker[16] ausgewertet, der vom Chopper sein Referenzsignal erhält.

4.1.3 Haltersystem

Testmessungen auf dem Messplatz der Physikalisch-Technische Bundesanstalt zeigten, dass für eine präzise Bestimmung der *EQE* ein dediziertes Haltersystem benötigt wird, bei dessen Konstruktion die folgenden Punkte zu beachten sind: Die aktive Fläche der im Labormaßstab gefertigten OSCs ist relativ klein und folglich ist es kaum möglich, ihre Fläche präzise auszumessen. Daher muss die Flächendefinition mittels einer Blende erfolgen. Jedoch können bei der Verwendung einer Blende Kantenreflexionen und -streuung zu einer Erhöhung der auf die Solarzelle treffende Anzahl an Photonen führen. Besonders bei kleinen Flächen wird der dadurch entstehende Messfehler groß. Eine weitere Fehlerquelle sind Mehrfachreflexionen, bei denen Licht von der Solarzelle an die Blendenkante zurück auf die aktive Fläche reflektiert wird.

Die elektrische Kontaktierung muss reproduzierbar und reversibel erfolgen, soll aber gleichzeitig in der Lage sein, die durch die Biasbeleuchtung verursachte thermische Ausdehnung zu kompensieren. Außerdem ist es von Vorteil, das System bereits während der Konzeption für das erschwerte Handling in einer Glovebox auszulegen.

Das basierend auf diesen Vorgaben entwickelte Haltersystem ist in Abbildung 4.1.2 gezeigt. Die Solarzelle wird in die von den Führungsstiften definierte Position auf die Federkontaktstifte[17] gelegt. Neodymmagnete ziehen die von oben aufgesteckte Blende auf den Halterkörper und pressen die Solarzel-

---

[15]Femto, OE-200-S, Kundenspezifische Sonderanfertigung, basierend auf Modell OE-200-S.

[16]Anfatec, eLockIn 203.

[17]Ingun, austauschbarer Federkontaktstift GKS 970 in Kontaktsteckhülse KS-970 70 E015.

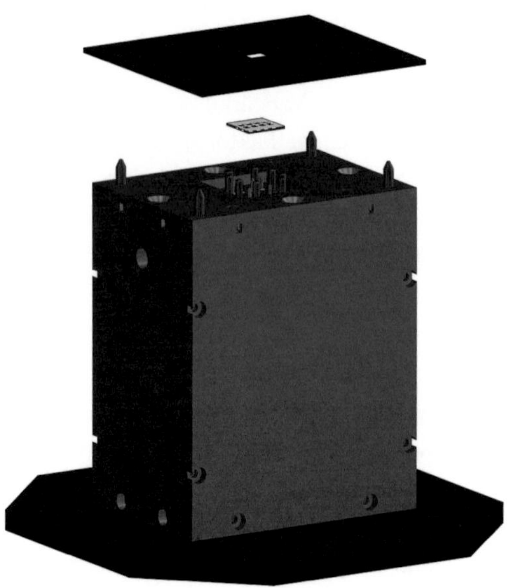

Abb. 4.1.2: Haltersystem zur reproduzierbaren Kontaktierung der Solarzellen bei *EQE* und
$J - V$-Messungen. Die Solarzelle wird zur Charakterisierung in den Halter
eingelegt. Dabei dienen die um die Solarzellenposition angeordneten acht
Stifte (bronzefarben) als Führung. Die Blende wird von oben auf den Halter
aufgesteckt. Darin eingelassene Magnete erzeugen den nötigen Anpressdruck,
um die Solarzelle (grün) gegen die Federkontaktstifte (gold) zu drücken. Blende
und Bodenplatte sind glasperlengestrahlt und schwarz eloxiert um Reflexionen zu
vermeiden.

le gegen die Federkontaktstifte. Der hohe Reservehub der Federkontaktstifte
kompensiert die thermische Ausdehnung der Blende.

Es stehen mehrere Blenden zur Verfügung. Durch die Größe der Blenden-
öffnung(en) wird definiert, ob die Solarzelle über- oder unterstrahlt vermessen wird. Des Weiteren besitzen die Blendenöffnungen eine Hinterschneidung
von circa 70°, um von der Solarzelle kommende, schräg verlaufende Rückre-
flexionen, die auf die Innenkante der Blende treffen, aus dem Halter heraus zu
reflektieren.

Der Körper des Halters ist aus schwarzem Polyvinylchlorid (PVC) gefertigt,
die Blenden und die Bodenplatte aus Aluminium. Zur Minimierung der Ober-

flächenreflexionen werden die Aluminiumteile zuerst durch Glasperlenstrahlen[18] mattiert und anschließend schwarz eloxiert[19]. Die Messsignale werden durch Präzisions-Steckverbindungen übertragen[20].

Der Halter mit der montierten Solarzelle wird über eine Dreipunkt-Kugelauflage definiert auf eine Bodenplatte gestellt. Entsprechende Bodenplatten befinden sich am *EQE*- und am *J − V*-Messplatz. Dadurch ist es möglich, eine in den Halter eingelegte Solarzelle an beiden Messplätzen mit identischer Maskierung zu charakterisieren und dadurch hochvergleichbare Ergebnisse zu erhalten.

4.2 Messroutine

Bevor die Messung beginnt, muss eine Kalibration des Messplatzes in dem für die geplante Messung relevanten Spektralbereich durchgeführt werden. Die Kalibration erfolgt einmalig nach dem Anschalten des Messplatzes oder nach Änderungen am optischen System. Je nach gewähltem spektralem Intervall werden dazu eine oder beide Referenzdioden benötigt. Im letztgenannten Fall erfolgt eine separate Kalibration und Messung mit beiden Dioden und erst im Nachgang werden die Messwerte zusammen geführt.

Die Referenzdiode wird mit einem xy-Tisch in der Messebene mittig im monochromatischen Strahlungsfeld ausgerichtet. In der dann folgenden Kalibration wird der Kalibrationsfaktor $SR_{\mathrm{Mon}}(\lambda)/k(\lambda)$ aus den tabellierten Spectral Response-Werten der Referenzdiode $SR_{\mathrm{Ref}}(\lambda)$ bestimmt [193]. $SR_{\mathrm{Mon}}(\lambda)$ ist die Spectral Response der Monitordiode und $k(\lambda)$ ein wellenlängenabhängiger Faktor, der das Verhältnis der Bestrahlungsstärken $I_{\mathrm{Mon,Kalibration}}(\lambda)$ und $I_{\mathrm{Ref}}(\lambda)$ des durch den Strahlteiler zwischen Monitor- und Referenzdiode aufgeteilten monochromatischen Lichtes beschreibt:

$$I_{\mathrm{Ref}}(\lambda) = k(\lambda) \cdot I_{\mathrm{Mon,Kalibration}}(\lambda). \tag{4.2.1}$$

---

[18]Myrda, Glasperlenstrahlen, Körnung 90/150.
[19]Hohl, Eloxalarbeiten.
[20]Lemo, Serie 2B.316.

Unter Berücksichtigung von Gleichung 2.2.9 ergibt sich für den Kalibrationsfaktor:

$$\frac{SR_{\text{Mon}}(\lambda)}{k(\lambda)} = \frac{J_{\text{sc,Mon,Kalibration}}(\lambda)}{J_{\text{sc,Ref}}(\lambda)} \cdot SR_{\text{Ref}}(\lambda). \tag{4.2.2}$$

Das vom Lock-In-Verstärker ausgegebene Signal ist allerdings nicht proportional zur Stromdichte, sondern zum Strom. Unter Berücksichtigung der Flä-
chen von Monitor- und Referenzdiode A_{Mon}, A_{Ref} lässt sich Gleichung 4.2.2
in einer vom Strom[21] $\tilde{I}$ abhängigen Form schreiben:

$$\frac{SR_{\text{Mon}}(\lambda)}{k(\lambda)} = \frac{\tilde{I}_{\text{sc,Mon,Kalibration}}(\lambda)}{\tilde{I}_{\text{sc,Ref}}(\lambda)} \cdot \frac{A_{\text{Ref}}}{A_{\text{Mon}}} \cdot SR_{\text{Ref}}(\lambda). \tag{4.2.3}$$

Die Messdaten werden in einer Kalibrationsdatei gespeichert.

Die zu vermessende Solarzelle (DUT) wird, um den Einfluss räumlicher
Inhomogenitäten der monochromatischen Strahlung zu reduzieren, am gleichen Ort wie zuvor die Referenzdiode positioniert. Mit Hilfe einer Irisblen-
de im Strahlgang wird die xy-Koordinate auf der Messebene markiert, die z-
Koordinate (Höhe) bleibt konstruktionsbedingt immer erhalten.

Für das Verhältnis der spektralen Bestrahlungsstärken zwischen Monitordiode und DUT gilt analog zu Gleichung 4.2.1:

$$I_{\text{DUT}}(\lambda) = k(\lambda) \cdot I_{\text{Mon,Messung}}(\lambda). \tag{4.2.4}$$

Einsetzen von Gleichung 2.2.9 in Gleichung 4.2.4 ergibt:

$$SR_{\text{DUT}}(\lambda) = \frac{J_{\text{sc,DUT}}(\lambda)}{J_{\text{sc,Mon,Messung}}(\lambda)} \cdot \frac{SR_{\text{Mon}}}{k(\lambda)}. \tag{4.2.5}$$

Das optische System und die Spectral Response der Monitordiode haben sich
seit der Kalibration nicht verändert. Folglich kann der letzte Term in Gleichung
4.2.5 durch den Kalibrationsfaktor aus Gleichung 4.2.2 ersetzt werden. Unter

---

[21]Der Absolutwert der Stromstärke wird in diesem Abschnitt mit $\tilde{I}$ bezeichnet, um eine Verwechslung mit der
Bestrahlungsstärke I zu vermeiden.

Berücksichtigung der aktiven Fläche der Solarzelle A_{DUT} folgt für die Spectral Response SR_{DUT} der Solarzelle:

$$SR_{\mathrm{DUT}}(\lambda) = \frac{\tilde{I}_{\mathrm{sc,DUT}}(\lambda)}{\tilde{I}_{\mathrm{sc,Ref}}(\lambda)} \cdot \frac{A_{\mathrm{Ref}}}{A_{\mathrm{DUT}}} \cdot \frac{\tilde{I}_{\mathrm{sc,Mon,Kalib}}(\lambda)}{\tilde{I}_{\mathrm{sc,Mon,Messung}}(\lambda)}. \qquad (4.2.6)$$

Es wird ersichtlich, dass durch den Beitrag $\tilde{I}_{\mathrm{sc,Mon,Kalib}}(\lambda)/\tilde{I}_{\mathrm{sc,Mon,Messung}}(\lambda)$ des Monitorsystems in Gleichung 4.2.6 Intensitätsschwankungen der Lichtquelle kompensiert werden.

Neben den in Kapitel 6 analysierten *EQE*-Messwerten werden im Anhang A in Abbildung A.1 exemplarisch weitere mit dem Messplatz bestimmte *EQE*-Werte gezeigt.

5 Änderung von Morphologie, optischer und elektrischer Eigenschaften durch thermische Behandlung

In diesem Kapitel wird eine umfassende Analyse zur Korrelation von Morphologie, optischer und elektrischer Eigenschaften von Solarzellen durchgeführt. Als Modellsystem wird P3HS:PC$_{61}$BM gewählt. Eine an die Herstellung der Solarzellen anschließende thermische Behandlung erhöht deren Effizienz um bis zu 700 %. Die für diese massive Erhöhung verantwortlichen Gründe werden durch eine detaillierte Analyse der Morphologie identifiziert. Die aufgezeigten Korrelationen sind grundlegender Natur und können zur Untersuchung ähnlicher Materialsysteme herangezogen werden.

Unter Verwendung der in Kapitel 3.4 beschriebenen Low-keV HAADF STEM ist es möglich, in der Absorberschicht die P3HS- und PC$_{61}$BM-Domänen zu unterscheiden. Bei einer Beschichtungstemperatur von 90 °C sind keine auffallenden Strukturen auszumachen, wird die Temperatur auf 100 °C erhöht, entstehen sehr schwach ausgeprägte Strukturen. Die anschließende thermische Behandlung der P3HS:PC$_{61}$BM-Filme führt zu einer deutlichen Nadelbildung, die als P3HS-Nadeln identifiziert werden. Mittels Bildanalyse wird die Größe der Nadeln abgeschätzt, sie weisen einen Durchmesser von 15 nm bei einer Länge von 50 − 100 nm auf. Auf Grund ihrer Dimension bilden sie eine ideale Donatorphase, da ihr Durchmesser dem idealen Domänen-Durchmesser für eine effektive Exzitonen-Dissoziation entspricht und sie auf Grund ihrer Länge ideale Perkolationspfade durch die aktive Schicht bilden. Gleichzeitig bewirkt die sich ändernde Morphologie eine charakteristische Änderung der optischen Eigenschaften, die sich als schulterartige Struktur im Absorptionsspektrum bemerkbar macht. Die quantitative Analyse der Absorptions-Amplitudenverhältnisse lässt eine dreistufige Zunahme der intramolekularen Ordnung erkennen: gering ausgeprägte Ordnung bei einer Be-

schichtungstemperatur von 90 °C, zunehmende Ordnung beim Beschichten bei 100 °C (Wachstumskeime) und hohe intramolekulare Ordnung im nadelreichen Film nach dem Ausheizen. In den Kennlinien der Solarzellen wird ebenfalls eine dreistufige Veränderung beobachtet. Da sich durch die Kristallisation während des Ausheizens das Polymer-HOMO-Niveau erhöht, sinkt die Leerlaufspannung, die daher als ein Maß für den Grad der Polymerisation betrachtet werden kann. Die bei 90 °C beschichteten Solarzellen erreichen die höchste Leerlaufspannung, durch Beschichtung bei 100 °C sinkt die Spannung und erreicht in ausgeheizten Filmen ihr Minimum. Ergänzend durchgeführte transiente Photostrommessungen legen außerdem nahe, dass durch die Polymeraggregation die Lochmobilität erhöht wird.

Für die Solarzelle bedeutet das im Einzelnen: Die P3HS-Aggregation bewirkt eine ausgeprägte Schulter im Absorptionsspektrum, mehr niederenergetische Photonen werden absorbiert, der Kurzschlussstrom steigt. Gleichzeitig erhöht sich bei der Aggregation das Polymer-Homo-Niveau und die Leerlaufspannung sinkt. Kompensiert wird diese Abnahme durch die erhöhte Mobilität, die zu einem verbesserten Füllfaktor führt. In Summe gleichen die Erhöhungen die reduzierte Leerlaufspannung mehr als aus und die Effizienz steigt um bis zu 700 %.[1]

5.1 Einführung

Für diese Untersuchung wurde ein Mischsystem, bestehend aus dem Donator Poly(3-hexylselenophene-2,5-diyl) (P3HS) und dem Akzeptor [6,6]-Phenyl-C61-butyric acid methyl ester ($PC_{61}BM$), gewählt.

P3HS gehört zur Klasse der *Low-Bandgap* (LBG) Polymere, die sich dadurch auszeichnen, dass ihre Absorption im Vergleich zu P3HT bei niedrigeren Energien beginnt. Dadurch ist es möglich, die Anzahl der im

---

[1] Die Low-keV HAADF STEM Abbildungen und die Intensitätsberechnungen wurden von Dipl.-Phys. Marina Pfaff angefertigt, Dipl.-Ing. Jens Czolk hat die Software für die Fourieranalyse entwickelt, Dr. Sebastian Valouch die transienten Photostrommessungen durchgeführt und Dipl.-Phys. Manuel Reinhard bei der Präparation der Proben unterstützt. Der Inhalt dieses Kapitels entspricht in Teilen der Veröffentlichung [159].

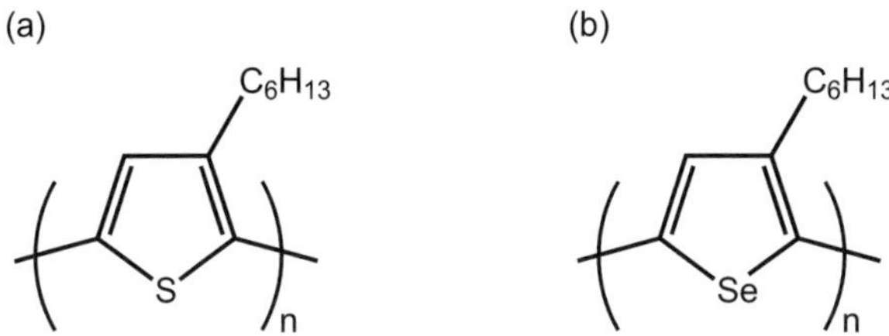

Abb. 5.1.1: Chemische Struktur von (a) P3HT und (b) P3HS.

Absorber absorbierten Photonen zu erhöhen und bei unveränderter externer Quanteneffizienz die Gesamtkurzschlussstromdichte zu steigern. Dies wird oft durch komplexe chemische Modifikationen erreicht, wie zum Beispiel bei den in Kapitel 7.4 untersuchten Materialien [198, 199].

P3HS hingegen zeichnet sich durch seine relativ einfache, dem P3HT ähnliche, chemische Struktur aus. Das Schwefel-Atom des P3HT wird durch ein Selen-Atom ersetzt, siehe Abbildung 5.1.1. Im Vergleich zu P3HT ist das LUMO-Niveau von P3HS auf Grund des geringeren Ionisationspotentials des Selens um 0.3 eV abgesenkt. Gleichzeitig bleibt das HOMO-Niveau nahezu unverändert, so dass die Bandlücke von P3HS auf $E_g^{\mathrm{opt}} = 1.6\,\mathrm{eV}$ abnimmt [200]. Dadurch verschiebt sich, wie gewünscht, der Beginn des Absorptionsspektrums zu niedrigeren Energien, die Anzahl der absorbierten Photonen und die Kurzschlussstromdichte nehmen zu. Durch das vergleichbare HOMO-Niveau ändert sich die Leerlaufspannung nur geringfügig [201].

Ballantyne et al. haben mit XRD-Messungen gezeigt, dass P3HS:PC$_{61}$BM-Mischsysteme einen geringeren Kristallisationsgrad als vergleichbare P3HT:PC$_{61}$BM-Systeme aufweisen. Basierend auf den Ergebnissen weiterer Untersuchungen mittels optischer Mikroskopie, ortsaufgelöster Raman-Spektroskopie und konfokaler Fluoreszenzmikroskopie wurde geschlussfolgert, dass durch den niedrigeren Kristallisationsgrad des Mischsystems eine erhöhte Einlagerung von PC$_{61}$BM in die P3HS-reichen Phasen begünstigt wird [202]. Durch die begrenzte Auflösung der verwendeten optischen Analysemethoden kann diese Schlussfolgerung jedoch nur für mittlere bis große Längenskalen zutreffend sein [159].

In diesem Kapitel wird untersucht, wie die Morphologie der

P3HS:PC$_{61}$BM-Mischsysteme und die Effizienz der Solarzelle durch eine thermische Nachbehandlung verändert werden und welchen Einfluss die Beschichtungstemperatur hat. Zur Klärung dieser Fragestellungen kommen mehrere Methoden zum Einsatz: Die Strukturen der kleinen und mittleren Längenskalen werden mit der Low-keV HAADF STEM direkt abgebildet. Durch die verbesserte Auflösung im Vergleich zu den oben genannten optischen Methoden wird es möglich, zuvor unerkannte Strukturen quantitativ zu analysieren. Zusätzlich wird mit der UV/Vis-Spektroskopie der spektrale Verlauf der Absorption bestimmt. Die Absorption stellt im Grunde genommen eine gemittelte, makroskopische Größe dar; dessen ungeachtet ermöglicht ihre quantitative Interpretation eine Aussage über die intramolekulare Ordnung. Die sich verändernde Morphologie und optische Eigenschaften korrelieren direkt mit dem Verhalten der elektrischen Kenngrößen der Solarzellen. Ergänzt wird diese umfassende morphologische Analyse durch eine transiente Photostrommessung.

5.2 Experimentelles

Die Solarzellen wurden in einer Standardarchitektur gefertigt, siehe Kapitel 3.1. Dazu wurde auf die strukturierten und gereinigten ITO/Glas-Substrate der Lochleiter PEDOT:PSS aufgebracht. Für die Beschichtung wurde die PEDOT:PSS Dispersion im Volumenverhältnis 2:1 mit Wasser verdünnt. Mit den in Tabelle 3.2.1 gegebenen Spincoatparametern stellte sich eine Schichtdicke von circa 45 nm ein. Die Dehydrierung erfolgte bei 120 °C in einem Vakuumofen. P3HS^2 und PC$_{61}$BM wurden separat voneinander in Chlorbenzol gelöst. Zum Herstellen der Solarzellen wurde eine Konzentration von 16 mg/ml gewählt, für die Low-keV HAADF STEM-Analyse eine von 12 mg/ml. Da P3HS-Lösungen unterhalb von 60 °C die Tendenz haben zu gelieren, wurde das P3HS bei 80 °C auf einem Magnetrührer in Lösung gebracht [201]. Nach 6 h wurden die beiden Ansätze in einem 48:52 (P3HS:PC$_{61}$BM) Verhältnis gemischt, für weitere 16 h gerührt und dann

---

$^2M_{\mathrm{w}} = 75.000\,\mathrm{g/mol}$, *Number Average Molecular Weight* $M_{\mathrm{n}} = 53.000\,\mathrm{g/mol}$, Regioregularität *RR* $> 95\%$

im nach wie vor heißen Zustand filtriert[34]. Das heiße Fluid wurde mit den in Tabelle 3.2.3 gegebenen Spincoatparametern bei vier verschiedenen Beschichtungstemperaturen $T_{\text{deposition}}$ zwischen 70 °C und 100 °C auf die ebenfalls vorgeheizten Substrate abgeschieden. Die für Fluid und Substrat gewählte Temperatur war dabei jeweils identisch. Abschließend wurde eine Kalzium/Aluminium-Elektrode (50 nm/180 nm) thermisch aufgedampft.

Die Stromdichte-Spannungs-Kennlinie der Solarzellen wurde bei einer Bestrahlungsstärke von 920 W/m^2, wie in Kapitel 3.3.1 beschrieben, bestimmt. Danach wurden die Substrate für 6 min bei 150 °C ausgeheizt und nach dem Abkühlen erneut elektrisch charakterisiert. In den Abbildungen der folgenden Abschnitte sind diese beiden Fälle mit *non-annealed* und *annealed* bezeichnet.

Für die optische Charakterisierung in Transmission wurden semitransparente Proben ohne Metallelektroden angefertigt.

Die zeitaufgelösten Photostrom-Messungen wurden unter ambienten Bedingungen durchgeführt und die Bauteilarchitektur dafür angepasst. Auf die empfindliche Kalzium-Kathode wurde verzichtet und nur Aluminium aufgedampft. Des Weiteren wurde das in [203] beschriebene Layout verwendet, welches eine hochfrequente Signalanalyse ermöglicht. Die optische Anregung geschieht über einen diodengepumpten, frequenzverdoppelten, passiv gütegeschalteten Nd:YAG-Laser[5], der Laserstrahlung bei 532 nm und einer Pulsweite von 1.2 ns emittiert. Das Stromsignal wurde mit einem Hochfrequenz-Prüfkopf ausgelesen und mit einem digitalen Oszilloskop aufgezeichnet.

Nach der elektrischen und optischen Charakterisierung wurden Proben für die Low-keV HAADF STEM analog der in Kapitel 3 beschriebenen Methode aus den Solarzellen präpariert. Die im Folgenden gezeigten Bilder wurden bei einem Arbeitsabstand von $WD = 5$ mm aufgenommen, so dass unter einem Winkel von 0.2 bis 0.7 rad gestreute Elektronen auf den HAADF-Detektor treffen. Die Elektronenenergie E betrug 15 keV, der Strahlstrom 0.58 nA und die Aufnahmedauer 35.4 s. Kontrast und Helligkeit des Verstärkers wurden

---

[3]Merck Millipore, MicroSyringe Stainless Steel 25mm Filter Holder, XX3002500
[4]Merck Millipore, Omnipore, 0.45 μm
[5]CryLas GmbH, FDSS 532-Q1.

angepasst, um vergleichbare Bedingungen für alle Bilder zu erhalten. Die mittlere Ordnungszahl für P3HS wurde zu $Z_{P3HS} = 7.27$ bestimmt.

5.3 Ergebnisse und Diskussion

5.3.1 Morphologieaufklärung

Auf Grund der Tendenz von P3HS-Lösungen bei niedrigeren Temperaturen zu gelieren, wurde die Beschichtungstemperatur für die P3HS:PC$_{61}$BM-Filme im Rahmen von Voruntersuchungen systematisch zwischen 70 °C und 100 °C variiert. Beschichtungen bei 70 °C und 80 °C führen zu qualitativ vergleichbaren Ergebnissen wie eine Beschichtung bei 90 °C, wohingegen für $T_{\text{deposition}} = 100\,°C$ eine veränderte Morphologie beobachtet wird. Eine weitere Erhöhung der Beschichtungstemperatur wird nicht durchgeführt, da dann die Filmqualität rapide abnimmt. In der folgenden Analyse werden daher die zwei Beschichtungstemperaturen bei 90 °C und bei 100 °C miteinander verglichen.

Die Low-keV HAADF STEM Aufnahme in Abbildung 5.3.1a zeigt eine nicht-ausgeheizte Probe für $T_{\text{deposition}} = 90\,°C$, in der keine ausgeprägten Strukturen zu erkennen sind. Durch Ausheizen bei 150 °C für 6 min ändert sich die Morphologie drastisch, nadelartige Strukturen (*Whiskers*) mit hohem Kontrast werden sichtbar, Abbildung 5.3.1b. Wird $T_{\text{deposition}}$ auf 100 °C erhöht, zeigt bereits die nicht-ausgeheizte Probe erste, schwach ausgeprägte nadelartige Strukturen, Abbildung 5.3.1c. Ausheizen führt auch hier zu einer deutlichen Nadelbildung, Abbildung 5.3.1d. Die Nadel-Dichte und charakteristische Struktur ähnelt der ausgeheizten und bei 90 °C beschichteten Probe in Abbildung 5.3.1b.

Um die Nadeln zweifelsfrei P3HS oder PC$_{61}$BM zuordnen zu können, wird Gleichung 3.4.2 mit den in Abschnitt 5.2 gegebenen Einstellungen des Elektronenmikroskops ausgewertet. Für eine Schichtdicke von 100 nm ergibt sich ein Intensitätsverhältnis zwischen P3HS und PC$_{61}$BM von 1:0.7, für 200 nm Schichtdicken von 1:0.85. Folglich entstehen die hellen Pixel in Abbildung 5.3.1 durch Streuung an P3HS und es handelt sich um P3HS-Nadeln.

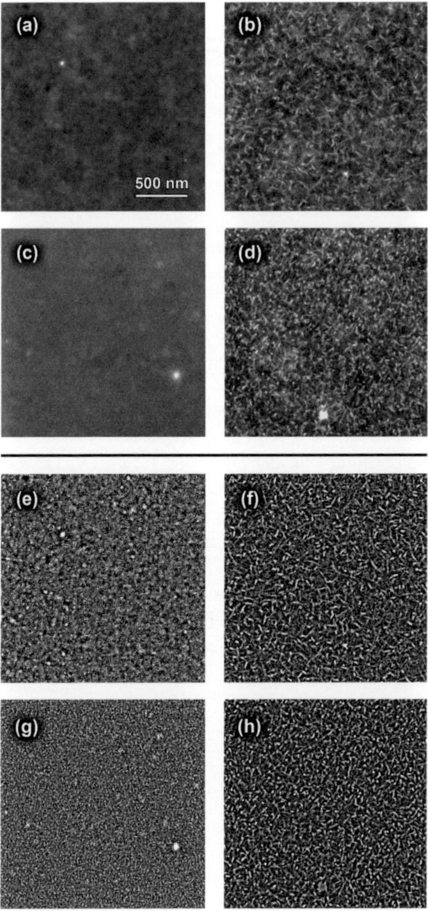

Abb. 5.3.1: HAADF STEM Aufnahmen von P3HS:PC$_{61}$BM-Filmen bei einer Elektronenenergie von 15 keV. Bildausschnitt $2 \times 2\,\mu\mathrm{m}^2$. (a) Beschichtungstemperatur 90 °C, nicht-ausgeheizt. (b) Beschichtungstemperatur 90 °C, ausgeheizt bei 150 °C für 6 min. Nadelförmige P3HS-Kristalle (hell) sind zu erkennen. (c) Beschichtungstemperatur 100 °C, nicht-ausgeheizt. (d) Beschichtungstemperatur 100 °C und ausgeheizt. (e-h) Abbildungen in gleicher Reihenfolge wie zuvor, gefiltert mit Butterworth Bandpass-Filter erster Ordnung (8 − 80 nm). In (g) sind die Nukleationskeime der P3HS-Nadeln deutlicher zu identifizieren als in (c). Für alle Bilder wurde der Kontrast für eine verbesserte Darstellung angepasst. Abbildung aus [159]. Mit freundlicher Genehmigung von John Wiley and Sons, Copyright 2011.

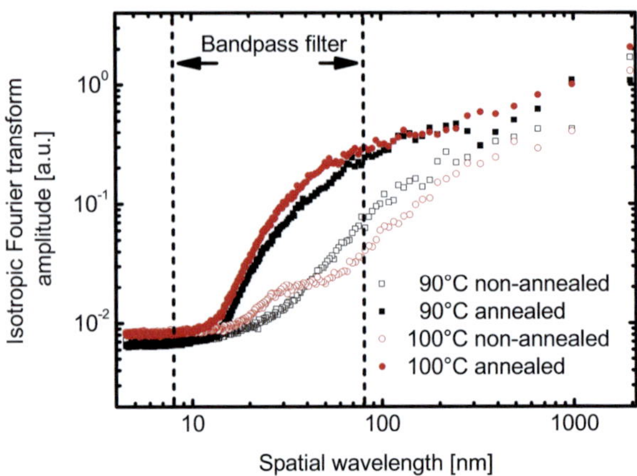

Abb. 5.3.2: Isotrope Darstellung der 2D-DFT der Low-keV HAADF STEM Aufnahmen von den P3HS:PC$_{61}$BM-Filmen aus Abbildung 5.3.1a-d. Durch das Ausheizen entstehen kleinskalige Strukturen, die als P3HS-Nadeln identifiziert werden. Bei $T_{\text{deposition}} = 100\,°\text{C}$ ist bereits in der nicht-ausgeheizten Probe ein kleinskaliger Beitrag auszumachen, der auf eine Bildung von P3HS-Nukleations-Keimen schließen lässt. Die gestrichelten Linien zeigen die Grenzwerte für den in Abbildung 5.3.1e-h verwendeten Butterworth-Filter an. Modifizierte Abbildung aus [159]. Mit freundlicher Genehmigung von John Wiley and Sons, Copyright 2011.

Nach dem Ausheizen zeigt sich im elektronenmikroskopischen Beugungsbild der Peak des $\pi - \pi$ Stackings. Es ist davon auszugehen, dass die hier beobachteten Nadeln eine kristalline Struktur besitzen.

Die in den P3HS:PC$_{61}$BM-Filmen jeweils dominierende Strukturgröße kann aus der isotropen Darstellung der zweidimensionalen diskreten räumlichen Fouriertransformierten (2D-DFT), die aus den entsprechenden Low-keV HAADF STEM Abbildungen berechnet wurde, abgeschätzt werden. Da die räumliche Auflösung pro Pixel (2.24 nm) bei den in Abbildung 5.3.1 gezeigten Aufnahmen in x- und y-Richtung identisch ist, wurde per radialer Mittelung über alle räumlichen Frequenzen eine isotrope Darstellung der 2D-DFT-Daten bestimmt [204, 205]. Die Ergebnisse dieser Auswertung sind in Abbildung 5.3.2 gezeigt. Die isotrope Fourier-Amplitude ist als eine Funktion der räumlichen Wellenlänge in doppelt-logarithmischer Darstellung aufgetragen.

Die Amplitude der Fouriertransformierten ist ein Maß für die Häufigkeit einer bestimmten Strukturgröße [204, 205]. So bedeutet zum Beispiel die niedrige Fourieramplitude im Bereich kleiner räumlicher Wellenlängen, dass nur wenige, diesen Längenskalen entsprechende Strukturen vorkommen [206].

Im direkten Vergleich der beiden nicht-ausgeheizten Proben in Abbildung 5.3.2 ist für die bei 100 °C abgeschiedene Probe eine Zunahme der Fourier-Amplitude bei einer räumlichen Wellenlänge von circa 30 nm auszumachen, die den Beginn des P3HS-Nadel-Wachstums kennzeichnet. In der bei 90 °C abgeschiedenen Probe zeigt sich hingegen ein höherer Beitrag für Strukturen zwischen 50 und 120 nm. Diese Größenskalen entsprechen typischerweise Schichtdickenvariationen.

Der Vergleich zwischen nicht-ausgeheizten und ausgeheizten Proben zeigt, dass die Fourieramplitude für Strukturen zwischen 15 und 300 nm massiv zunimmt. Die kleinsten, noch unterscheidbaren Strukturen weisen eine räumliche Wellenlänge von circa 15 nm auf. Dies entspricht ungefähr der Breite der nadelartigen Strukturen in Abbildung 5.3.1. Typische Nadellängen sind in der Größenordnung von 50 − 100 nm. Der gemessene Nadeldurchmesser entspricht dem idealen Domänen-Durchmesser für eine effektive Exzitonen-Dissoziation, siehe Abschnitt 2.3.1.3. Obwohl die Low-keV HAADF STEM Aufnahmen in Abbildung 5.3.1b und Abbildung 5.3.1d keine direkte Aussage über die vertikale Orientierung der Nadeln ermöglichen, entsteht bei genauer Betrachtung der Eindruck, dass die Nadeln isotrop in alle Raumrichtungen orientiert sind. Dies entspricht den Beobachtungen an P3HT-basierten Mischsystemen [147, 150]. Daher ist davon auszugehen, dass die hier beobachteten elongierten P3HS-Strukturen effektive Perkolationspfade bilden.

Um die Sichtbarkeit der nadelartigen Strukturen in den Low-keV HAADF STEM Abbildungen zu erhöhen, wurde ein spektraler Bandpass-Filter (Butterworth erster Ordnung) angewandt. Die Grenzfrequenzen 8 und 80 nm wurden dabei so gewählt, dass die Beiträge der kleinen (Rauschen) und großen Wellenlängen (Schichtdickenschwankung) effektiv unterdrückt werden, so dass ein optimaler Kontrast für die Darstellung der Nadeln erzielt wird, ohne dabei relevante, strukturelle Informationen zu verfälschen. In den gefilterten Bildern, Abbildung 5.3.1e-h, erscheinen die P3HS-Nadeln deutlicher.

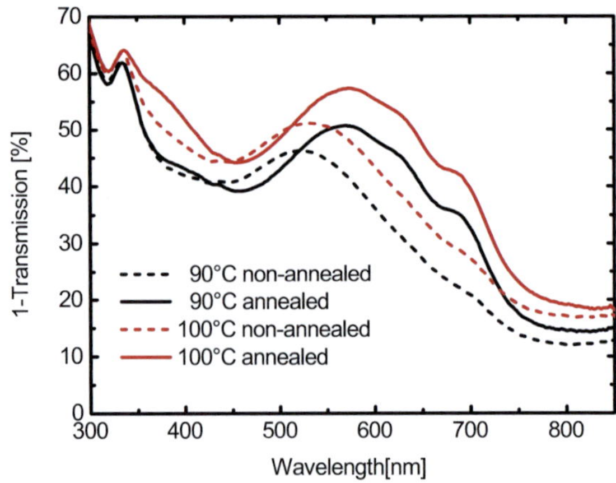

Abb. 5.3.3: Optische Spektren der P3HS:PC$_{61}$BM-Filme für Beschichtungstemperaturen von 90 °C und 100 °C im nicht-ausgeheizten und im ausgeheizten Fall. Das Ausheizen führt zu einer signifikanten Erhöhung der niederenergetischen Absorption im roten Spektralbereich, gleichzeitig erfährt das Maximum der P3HS-Absorption eine bathochrome Verschiebung. Daten nicht normiert. Modifizierte Abbildung aus [159]. Mit freundlicher Genehmigung von John Wiley and Sons, Copyright 2011.

5.3.2 Optische Eigenschaften

Während des Ausheizens war eine deutliche Farbänderung der Probe zu beobachten. In den in Abbildung 5.3.3 gezeigten optischen Spektren ist eine sich beim Ausheizen bildende Schulter bei 684 nm zu erkennen. Gleichzeitig verschiebt sich das Maximum der P3HS $\pi - \pi^*$ Absorption von 520 nm ($T_{\text{deposition}} = 90\,°C$) beziehungsweise 532 nm ($T_{\text{deposition}} = 100\,°C$) zu 570 nm beziehungsweise 574 nm. Der Peak bei 335 nm wird der PC$_{61}$BM-Absorption zugeordnet und ändert sich durch das Ausheizen nicht [41].

Zur quantitativen Auswertung wird der in Kapitel 2.1.2.2 eingeführte Formalismus von Spano herangezogen. Auf Grund der hohen strukturellen Ähnlichkeit von P3HS zu P3HT wird mit Gleichung 2.1.8 die freie Exzitonen-Bandbreite W aus dem Verhältnis der Peakamplituden der Absorption $A_{0\leftarrow0}$ (684 nm) zu $A_{0\leftarrow1}$ (622 nm) abgeschätzt, siehe Tabelle 5.3.1 [33]. Zur Bestimmung von W wird weiterhin angenommen, dass die Energie

Tab. 5.3.1: Amplitudenverhältnis $A_{0\leftarrow0}/A_{0\leftarrow1}$ und Abschätzung der freien Exzitonen-Bandbreite W basierend auf den in Abbildung 5.3.3 gezeigten Absorptionsspektren für die unterschiedlich prozessierten P3HS:PC$_{61}$BM-Filme. Für die Bestimmung der freien Exzitonen-Bandbreite wurde das von Spano für P3HT entwickelte Modell zu Grunde gelegt.

$T_{\text{deposition}}$	Behandlung	$A_{0\leftarrow0}/A_{0\leftarrow1}$	W
90 °C	nicht ausgeheizt	0.70	95 meV
90 °C	ausgeheizt	0.77	70 meV
100 °C	nicht ausgeheizt	0.75	79 meV
100 °C	ausgeheizt	0.80	62 meV

der symmetrischen $C = C$ Schwingung $0.179\,\text{eV}$ beträgt und für das Brechungsindexverhältnis $n_{0\leftarrow0}/n_{0\leftarrow1} \approx 1.00$ gilt [202, 207]. Die Werte für W sind in Tabelle 5.3.1 gegeben.

Durch das Ausheizen der Proben erfährt W eine Reduktion, sowohl für die bei 90 °C als auch für die bei 100 °C beschichteten Proben. Folglich, siehe Kapitel 2.1.2.2, nehmen die intramolekulare Ordnung und die Konjugationslänge während des Ausheizens zu [41]. Außerdem ist aus Abschnitt 5.3.1 bekannt, das sich (vermutlich kristalline) P3HS-Nadeln bilden. Die Korrelation zwischen Nadelwachstum und Zunahme der Konjugation ist intuitiv ersichtlich.

Des Weiteren ist für die bei 90 °C beschichtete Probe die Zunahme der Konjugation während des Ausheizens (W sinkt von 95 meV auf 70 meV) deutlicher ausgeprägt als für die bei 100 °C beschichtete Probe. Dies wird durch die bereits vorhandenen P3HS-Nadelkeime in der nicht-ausgeheizten 100 °C Probe erklärt; vergleiche hierzu auch Abbildung 5.3.1g und Abbildung 5.3.2.

Die hier gezeigten Werte für W sollen als Näherung aufgefasst werden. Dennoch ist ein Vergleich mit den von Turner et al. bestimmten Werten für ausgeheizte P3HT:PC$_{61}$BM-Filme interessant. In den P3HT-basierten Systemen unterschreitet die freie Exzitonen-Bandbreite den Wert von 80 meV nicht [41]. Folglich besitzen die P3HS-Kristalle in den ausgeheizten P3HS:PC$_{61}$BM-

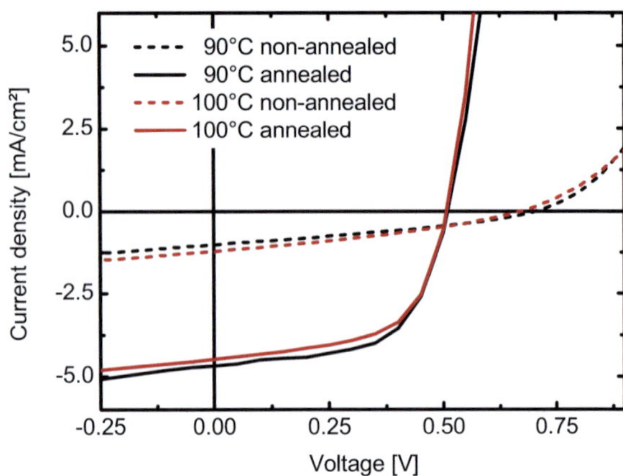

Abb. 5.3.4: $J - V$ Kennlinien der ITO/PEDOT:PSS/P3HS:PC$_{61}$BM/Ca/Al-Solarzellen bei einer Beleuchtungsstärke von $92\,\text{mW/cm}^2$ für Beschichtungstemperaturen von 90 °C und 100 °C im nicht-ausgeheizten und im ausgeheizten Zustand. Modifizierte Abbildung aus [159]. Mit freundlicher Genehmigung von John Wiley and Sons, Copyright 2011.

Filmen eine höhere intramolekulare Ordnung als P3HT in vergleichbaren P3HT:PC$_{61}$BM-Systemen.

5.3.3 Elektrische Eigenschaften

Mit den in den vorangegangenen Kapiteln beschriebenen morphologischen und optischen Veränderungen der P3HS:PC$_{61}$BM-Filme während des Ausheizens geht eine Verbesserung der elektrischen Eigenschaften der Solarzelle einher, siehe Abbildung 5.3.4 und Tabelle 5.3.2. Die elektrischen Eigenschaften der bei 90 °C und 100 °C beschichteten, nicht-ausgeheizten Proben unterscheiden sich nur schwach. Durch das Ausheizen sinkt für beide Proben die Leerlaufspannung auf 510 mV, jedoch werden durch eine massive Erhöhung der Kurzschlussstromdichten und Füllfaktoren die Effizienzen auf $\eta = 1.4\,\%$ verbessert. Beide Proben zeigen im direkten Vergleich ein ähnliches elektrisches Verhalten.

Eine vergleichbare Reduktion der Leerlaufspannung wurde für P3HT-

Tab. 5.3.2: Elektrische Kenngrößen der verschieden prozessierten P3HS:PC$_{61}$BM-Solarzellen.

$T_{\text{deposition}}$	Behandlung	V_{oc}	J_{sc}	FF	η
90 °C	nicht ausgeheizt	0.71 V	1.0 mA/cm^2	33 %	0.2 %
90 °C	ausgeheizt	0.51 V	4.7 mA/cm^2	60 %	1.4 %
100 °C	nicht ausgeheizt	0.67 V	1.2 mA/cm^2	33 %	0.3 %
100 °C	ausgeheizt	0.51 V	4.5 mA/cm^2	59 %	1.4 %

basierte Solarzellen beobachtet [208, 209]. Die durch das Ausheizen induzierte Kristallisation führt zu einer Erhöhung des Polymer-HOMO-Niveaus [210, 211]. Infolgedessen wird die Charge Transfer (CT) Absorptionsbande rotverschoben. Da die Leerlaufspannung linear mit der CT Absorption skaliert, wird sie durch das Ausheizen reduziert [210, 212].

Anders ausgedrückt kann die Leerlaufspannung als ein Maß für den Grad der Kristallisation in P3HT-ähnlichen Systemen verwendet werden. Angewendet auf die in Tabelle 5.3.2 gegebenen Spannungswerte, ergibt sich das gleiche Bild wie zuvor bei der Analyse der isotropen Fourier-Amplitude, Abbildung 5.3.2, und der freien Exzitonen-Bandbreite, Tabelle 5.3.1. Die nicht-ausgeheizte, bei 90 °C beschichtete Probe zeigt die geringste Kristallisation ($V_{\text{oc}} = 0.71$ V). Abscheidung bei 100 °C erhöht die Kristallisation ($V_{\text{oc}} = 0.67$ V), was mit der Bildung der ersten P3HS-Nadeln korreliert. Nach dem Ausheizen ist der Grad der Kristallisation zwischen beiden Proben vergleichbar ($V_{\text{oc}} = 0.51$ V).

Der Anstieg der Kurzschlussstromdichte wird mehreren Effekten zugeschrieben. Die Gesamtabsorption ist erhöht, da die ersten drei vibronischen Replika an Intensität zunehmen. Dadurch werden mehr niederenergetische Photonen absorbiert, die Kurzschlussstromdichte steigt. Zusätzlich stellen die P3HS-Nadeln, wie in Abschnitt 5.3.1 beschrieben, ideale Donatorphasen dar. Sie besitzen den für eine effektive Exzitonen-Dissoziation benötigten Durchmesser und fungieren gleichzeitig durch ihre Länge als effektive Perkolationspfade für die Löcher.

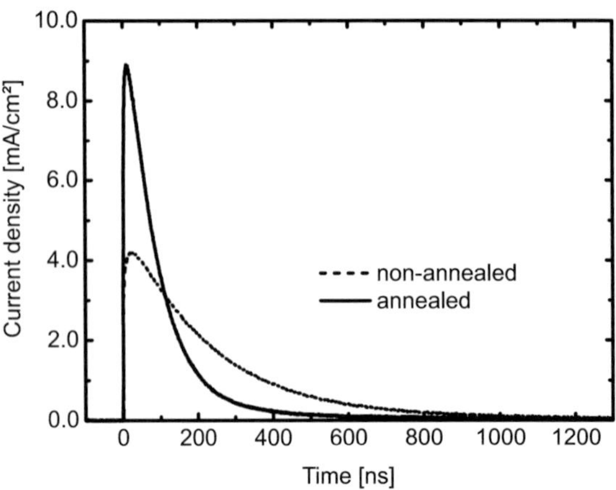

Abb. 5.3.5: Transiente Photostrommessung an kleinflächigen Solarzellen ("Organische Photodioden") bei einer Anregewellenlänge von $\lambda = 532\,$nm. Während der Messung wurde eine Vorspannung von $-3\,$V angelegt. Da die Messung an Luft statt fand, wurde auf das kathodenseitige Kalzium verzichtet: ITO/PEDOT:PSS/P3HS:PC$_{61}$BM/Al. Modifizierte Abbildung aus [159]. Mit freundlicher Genehmigung von John Wiley and Sons, Copyright 2011.

Für eine detaillierte Analyse der Kurzschlussstromdichten müssten die Schichtdicken der einzelnen Proben Berücksichtigung finden. Da durch das Abscheiden aus heißer, schnell verdampfender Chlorbenzollösung die Schichtdicken zwischen den Proben variieren, erscheint es zuverlässiger, den Grad der Kristallisation über den Verlauf der Leerlaufspannung zu quantifizieren.

Die Erhöhung des Füllfaktors wird ebenfalls durch die Kristallisation des Polymers erklärt, denn es ist anzunehmen, dass in der reinen P3HS-Phase die bimolekulare Rekombination deutlich reduziert ist. Außerdem ist für P3HT-basierte Systeme bekannt, dass sich bei der Kristallisation die Lochmobilität erhöht. Dadurch gleicht sich die Lochmobilität im Polymer der höheren Elektronenmobilität in der PC$_{61}$BM-reichen Phase an. Infolgedessen können beide Ladungsträgertypen ähnlich effizient extrahiert werden und es bauen sich weniger Raumladungen auf [96].

Um diese These qualitativ zu überprüfen, wurden zeitaufgelöste Photostrommessungen durchgeführt, siehe Abbildung 5.3.5. Dazu wurden die Proben mit einem Laserpuls angeregt und der zeitabhängige Stromverlauf bei einer Vorspannung von $-3\,V$ gemessen. Die Stromantwort der ausgeheizten Probe klingt deutlich schneller ab als die der nicht-ausgeheizten. Wie von Christ et al. diskutiert, kann der schnelle Abfall der Stromantwort der ausgeheizten Probe direkt mit einer erhöhten Ladungsträgermobilität korreliert werden [203].

5.4 Schlussbemerkung

In der vorangegangenen Analyse werden die Ergebnisse dreier unterschiedlicher Charakterisierungsmethoden korreliert. Mittels quantitativer Bildanalyse werden aus Low-keV HAADF STEM Abbildungen die dominierenden Strukturgrößen bestimmt. Dabei werden drei Entwicklungsstufen der Morphologie identifiziert. Bei einer Beschichtungstemperatur von $90\,°C$ sind keine kleinskaligen Strukturen zu identifizieren, bei einer Erhöhung der Beschichtungstemperatur auf $100\,°C$ bilden sich erste Wachstumskeime und nach dem Ausheizen weisen beide Filme ausgeprägte nadelartige Strukturen auf. Diese Nadeln mit einem Durchmesser von circa $15\,nm$ und einer Länge von $50-100\,nm$ bilden eine ideale Donatorphase. Ihr Durchmesser entspricht dem idealen Domänen-Durchmesser für eine effektive Exzitonen-Dissoziation und auf Grund ihrer Länge ist anzunehmen, dass sie effiziente Perkolationspfade durch die aktive Schicht bilden. Die quantitative Analyse der optischen Eigenschaften der Filme ergibt, dass mit der Nadelbildung eine Zunahme der intramolekularen Ordnung einhergeht. Mit der veränderten Morphologie lassen sich die veränderten elektrischen Eigenschaften der Solarzelle vollständig erklären. Die Aggregation der Polymere während des Ausheizens bewirkt eine Zunahme der Absorption niederenergetischer Photonen, folglich steigt der Kurzschlussstrom. Gleichzeitig erhöht sich das Polymer-Homo-Niveau und die Leerlaufspannung sinkt. Durch die P3HS-Kristallisation erhöht sich außerdem die Lochmobilität, worauf der verbesserte Füllfaktor zurückzuführen ist. In Summe gleichen die Erhöhungen die reduzierte Leerlaufspannung mehr als aus und die Effizienz steigt um bis zu $700\,\%$.

Wie bereits in der Einleitung zu diesem Kapitel erwähnt, entsprechen die hier diskutierten Ergebnisse dem Inhalt der eigenen Veröffentlichung [159]. In einer zu einem späteren Zeitpunkt von Tsoi et al. veröffentlichten Arbeit wurde mittels resonanter Ramanspektroskopie das Kristallisationsverhalten von P3HS:PC$_{61}$BM mit dem von P3HT-basierten Systemen verglichen: P3HS aggregiert, begünstigt durch das Selen, stärker als P3HT und es entstehen P3HS-Kristalle höherer Qualität [213]. Dieses Ergebnis deckt sich mit den hier beobachteten P3HS-Nadeln, für die anzunehmen ist, dass sie aus einer hochreinen P3HS-Phase bestehen. Außerdem indiziert die hier abgeschätzte, freie Exzitonen-Bandbreite $W_{P3HS} = 62\,meV$ im Vergleich zu $W_{P3HT} = 80\,meV$ ebenfalls, dass das P3HS-basierte System die höhere molekulare Ordnung aufweist.

Treat et al. haben mittels dynamischer Sekundärionen-Massenspektrometrie die Mischbarkeit verschiedener Fullerenderivate in P3HS untersucht. Es wurde gezeigt, dass mit abnehmender Polymer-Fulleren-Mischbarkeit der relative Volumenanteil von polymer- und fullerenreichen Phasen erhöht wird und sich dadurch die Rekombination reduziert [214]. Die beobachtete Korrelation von Reinheit der Phasen und Reduktion der Rekombination gleicht der im Rahmen dieser Arbeit gefundenen Korrelation.

Das Konzept der Selen-Substitution wurde mittlerweile für eine Vielzahl weiterer Polymere untersucht [215–219]. Zum Beispiel hat die Gruppe um Yang Yang damit ein hocheffizientes 7.2 % Low-Bandgap Polymer synthetisiert, das ohne die Beigabe von Prozessadditiven eine ausgeprägte Phasenseparation zeigt [216]. Obwohl zur morphologischen Analyse nur konventionelle Transmissionselektronenmikroskopie eingesetzt wurde, erwecken die in der Veröffentlichung gezeigten TEM Abbildungen den Anschein, dass Polymer-Nadeln die BHJ durchdringen.

6 Einfluss von Additiven auf die Morphologie

In diesem Kapitel wird der Einfluss eines Prozessadditivs auf die optischen und elektronischen Eigenschaften von Solarzellen beziehungsweise auf die Morphologie ihrer Absorberschichten untersucht. In der aktiven Schicht kommt ein in dieser Arbeit erstmalig verwendetes Copolymer zum Einsatz, das aus einer Poly(2,7-Carbazol) Donatoreinheit, einem Thiophen-Spacer und einer 2-Phenyl-2H-Benzotriazol Akzeptoreinheit mit einem Octyldodecyloxy-Substituenten besteht, genannt PCDTPBt. Als Akzeptor wird $PC_{71}BM$ gewählt. In Solarzellen wird durch die Zugabe einer geringen Menge des Prozessadditivs 1,8-Diiodoctan (DIO) zum primären Lösemittel DCB der Füllfaktor auf beachtliche 70 % gesteigert, der Strom nimmt um 56 % zu und dadurch erhöht sich die Effizienz um 84 % auf $\eta = 4.6\%$. Der Grund hierfür wird in einer umfassenden Studie, die die Methoden GIXD, Low-keV HAADF STEM, EQE und UV/Vis Spektroskopie kombiniert, ergründet. Die GIXD ergibt, dass das Polymer dichter stapelt als strukturell ähnliche Polymere und dass es sich Face-On zum Substrat ausrichtet. Beides sind ideale Voraussetzungen für eine hohe vertikale Lochmobilität, die wiederum einen hohen Füllfaktor begünstigt. Jedoch stellt sich dieser hohe Füllfaktor erst dann ein, wenn zur DCB-Lösung eine geringe Menge des Additivs DIO hinzugegeben wird. Die Elektronenmikroskopie zeigt, dass die Zugabe von DIO zu einer feineren Struktur der BHJ führt und die durchschnittliche Domänengröße abnimmt. Durch Korrelation mit den Ergebnissen der UV/Vis Spektroskopie wird geschlussfolgert, dass sich durch die Zugabe von DIO kleinere, reinere Domänen bilden. Dies hat zur Folge, dass sich die Grenzfläche zwischen Polymer und Fulleren vergrößert, mehr Exzitonen dissoziiert werden können und dass in den reineren Polymer-Phasen

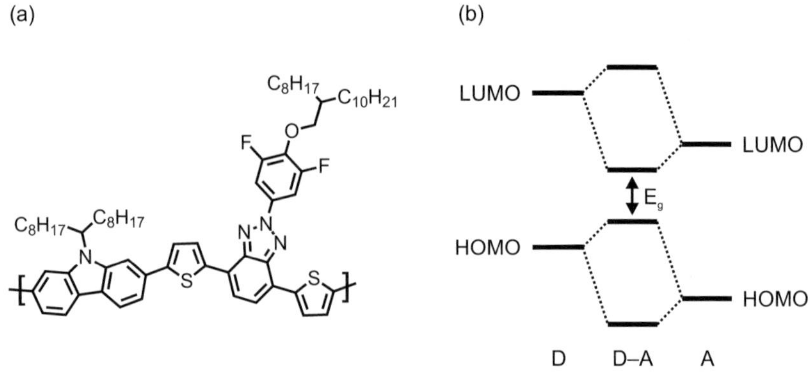

(a) (b)

Abb. 6.1.1: (a) Chemische Struktur des PCDTPBt bestehend aus einer 2,7-Carbazol Donatoreinheit (links) und einer 2-Phenyl-2H-Benzotriazol Akzeptoreinheit mit einem Octyldodecyloxy-Substituenten (rechts). Mittig befindet sich ein Thiophen-Spacer. (b) Die Wechselwirkung der Orbitale der Donatoreinheit (D) und Akzeptoreinheit (A) führt zu einer reduzierten Bandlücke E_g des Donator-Akzeptor (D–A) Copolymers. Darstellung nach [198].

die Rekombination reduziert wird. Damit lassen sich die erhöhte Kurzschlussstromdichte und der erhöhte Füllfaktor vollständig erklären.[1]

6.1 Einführung

Additive sind Lösungsmittel, die eine selektive Lösbarkeit für eine Komponente des Donator-Akzeptor-Gemischs besitzen. Durch ihre Zugabe ist es möglich, die Trocknungskinetik und die sich einstellende Phasenseparation zu beeinflussen [122, 136, 137, 142].

---

[1]PCDTPBt wurde im Rahmen einer Kooperation mit dem Kekulé-Institut für Organische Chemie und Biochemie der Universität Bonn zur Verfügung gestellt und wurde dort von Dr. Felix Pasker synthetisiert. Die Röntgenstrukturuntersuchungen wurden von Prof. Stefan Kowarik durchgeführt und ausgewertet. Dipl.-Phys. Marina Pfaff war verantwortlich für die Elektronenmikroskopie. Dominik Landerer und Dipl.-Ing. Matthias Isen haben beim Bau der Solarzellen und deren Charakterisierung unterstützt. Der Inhalt dieses Kapitels entspricht in Teilen der Veröffentlichung [185].

Im Folgenden wird die Verwendung eines Additivs untersucht, um die Effizienzen organischer Solarzellen basierend auf dem Polymer Poly[*N*-9'-heptadecanyl-2,7-carbazole-*alt*-5,5-(4´,7'-di-2-thienyl-2'-(3,5-difluoro-4-octyldodecyloxyphenyl)-2'*H*-benzotriazole)] (PCDTPBt) zu erhöhen. Die chemische Struktur von PCDTPBt ist in Abbildung 6.1.1a dargestellt. Es handelt sich dabei um ein sogenanntes alternierendes Donator-Akzeptor Copolymer (D–A Copolymer).

In D–A Copolymeren sind entlang des Backbones elektronenreiche Donatoreinheiten (D) und elektronenarme Akzeptoreinheiten (A) alternierend aufgereiht. Das HOMO-Niveau eines Donatorsegments wechselwirkt mit dem HOMO-Niveau eines Akzeptorsegments und sie spalten in zwei neue HOMO-Niveaus auf, siehe Abbildung 6.1.1b. Gleiches gilt für die LUMO-Niveaus. Die Elektronen der ehemals nicht-wechselwirkenden Orbitale verteilen sich über die neuen Hybridorbitale des Copolymers. Verglichen mit den Konstituenten bildet sich ein höher liegendes HOMO-Niveau und ein niedriger liegendes LUMO-Niveau. Die optische Bandlücke E_g wird infolgedessen reduziert [198].

PCDTPBt besteht aus einer 2,7-Carbazol Donatoreinheit und einer 2-Phenyl-2*H*-Benzotriazol Akzeptoreinheit mit einem Octyldodecyloxy-Substituenten. 2,7-Carbazole sind ein gut untersuchter Monomer-Baustein und finden in einer Vielzahl effizienter Copolymere Verwendung [215, 220–224]. Hervorzuheben ist die Arbeit von Blouin et al., in der systematisch untersucht wurde, wie die Variation der Akzeptoreinheit die Energieniveaus eines 2,7-Carbazol-Copolymers beeinflusst. Es wurde gezeigt, dass das Copolymer HOMO-Niveau durch die Carbazoleinheit nahezu konstant gehalten wird, während das LUMO-Niveau durch die elektronenziehende Akzeptor-Einheit bestimmt wird. Weiterhin wurde darin gezeigt, dass symmetrisch aufgebaute Akzeptoren zum Erreichen hoher Effizienzen von Vorteil sind [225].

Dementsprechend wurde in dem hier untersuchten neuen Polymer ein symmetrischer Akzeptor eingebaut. Ein weiterer Vorteil des 2*H*-Benzotriazol Akzeptors ist, dass es möglich ist, wie in eigenen vorangegangenen Arbeiten gezeigt wurde, unterschiedliche Substituenten zu ergänzen [49, 119, 226, 227].

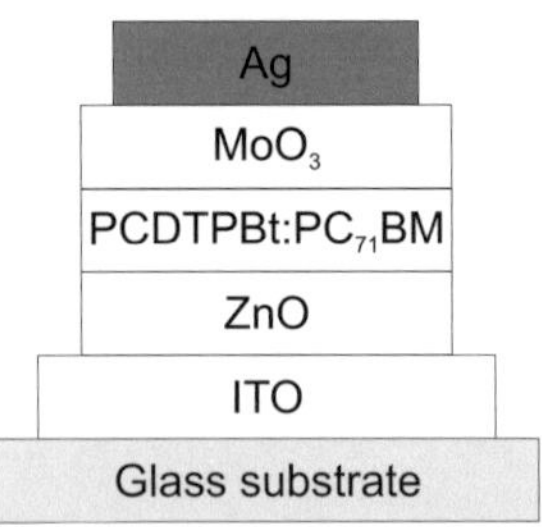

Abb. 6.2.1: Schematische Darstellung des hier verwendeten, invertierten Zellaufbaus.

Aus PCDTPBt und dem Fulleren PC$_{71}$BM wurden Solarzellen hergestellt, deren Effizienzen durch Hinzugabe des Prozessadditivs 1,8-Diiodoctan (DIO) deutlich erhöht wurden. Im Folgenden wird der Einfluss des DIO auf die Absorbermorphologie mittels Analyse der optoelektronischen Eigenschaften der Solarzelle, GIXD und Low-keV HAADF STEM untersucht.

6.2 Experimentelles

In Voruntersuchungen wurden Solarzellen aus PCDTPBt:PC$_{71}$BM in der Standardarchitektur und in der invertierten Architektur gefertigt. Die invertierte Architektur war der Standardarchitektur stets deutlich überlegen. Im Folgenden werden daher ausschließlich Solarzellen mit der invertierten Schichtabfolge Glas/ITO/ZnO:PVP-NC/PCDTPBt:PC$_{71}$BM/MoO$_3$/Ag betrachtet, siehe Abbildung 6.2.1.

Eine 25 nm ZnO:PVP-Nanokomposit-Elektrode wurde, wie in Kapitel 3.2.2.2 beschrieben, auf strukturierte und gereinigte ITO/Glas-Substrate abgeschieden. PCDTPBt und PC$_{71}$BM wurden, unabhängig vom gewählten Mischungsverhältnis, bei einer Polymerkonzentration von 7 mg/ml in DCB gelöst. Im Rahmen der Voruntersuchung wurde ebenfalls das Verhältnis von Polymer zu Fulleren optimiert. Bei Abscheidung aus reinem DCB beträgt das ideale Mischungsverhältnis von PCDTPBt zu PC$_{71}$BM 1:3 (im Folgenden mit DCB abgekürzt), bei Abscheidung aus DCB mit 3 vol% DIO 1:2 (im Folgenden mit DCB:DIO abgekürzt). Um die Lösung verarbeiten zu können, wurde sie auf 80 °C erhitzt, um ihre Viskosität zu reduzieren. Die

Beschichtung der heißen Lösung erfolgte mit den in Tabelle 3.2.3 gegebenen Spincoatparametern. Anschließend wurde das Bauteil mit einer thermisch aufgedampften MoO_3 (7 nm) / Ag (80 nm) Elektrode finalisiert.

Die Stromdichte-Spannungs-Kennlinie der Solarzellen wurde bei einer Bestrahlungsstärke von $800\,W/m^2$ bestimmt. Im Anschluss wurden die Solarzellen verkapselt, die *EQE* bestimmt und die totale Absorption in einer reflektiven Geometrie gemessen.

Für die Strukturanalyse per GIXD wurden mittels Spincoaten dünne Filme aus reinem PCDTPBt, aus PCDTPBt:PC_{71}BM (DCB) und aus PCDTPBt:PC_{71}BM (DCB:DIO) auf Silizium-Substraten abgeschieden. Die GIXD Messung unter inerten Bedingungen erfolgte an der Beamline P03 von PETRA III am DESY in Hamburg. Die Röntgenphotonen (0.96 Å) trafen unter einem Winkel von $\alpha = 0.21°$ auf die Oberfläche der Probe, die gestreuten Photonen wurden mit einem 300 k PILATUS Detektor ortsaufgelöst detektiert.

Für die Low-keV HAADF STEM Analyse werden elektronentransparente Proben benötigt. Daher wurden PCDTPBt:PC_{71}BM-Filme auf eine 45 nm PEDOT:PSS-Opferschicht aufgebracht und mit der in Kapitel 3.4.1 beschriebenen Methode Proben abgelöst. Zusätzlich wurde die Oberflächentopographie mittels Rasterelektronenmikroskopie (SEM) abgebildet. Dabei werden sekundäre Elektronen mit dem "Through Lens" Detektor erfasst. Mittels *Energy Dispersive X-Ray Spectroscopy*[2] (EDXS) wurde die chemische Komposition ortsaufgelöst untersucht.

6.3 Ergebnisse und Diskussion

Die Synthese des Polymers PCDTPBt wird in [185] detailliert beschrieben. Die Ergebnisse der Gel-Permeations-Chromatographie (molekulare Gewichtsverteilung), der Thermogravimetrie, der UV/Vis- und Emissionsspektroskopie und der Cyclovoltammetrie sind in Anhang B dargestellt. Es ist herzuvorzuheben, dass das HOMO-Niveau des PCDTPBt den Schwellenwert $E = $ -5.27 eV für Oxidation an Luft unterschreitet [228]. Daher ist davon auszugehen, dass PCDTPBt intrinsisch stabil ist.

---

[2]Bruker, XFlash 5010 EDXS.

Tab. 6.3.1: Elektrische Kenngrößen der PCDTPBt:PC$_{71}$BM-Solarzellen, abgeschieden aus DCB beziehungsweise DCB:DIO.

Lösemittel	Schichtdicke	V_{oc}	J_{sc}	FF	η
DCB	68 nm	0.84 V	4.1 mA/cm^2	58 %	2.5 %
DCB:DIO	75 nm	0.82 V	6.4 mA/cm^2	70 %	4.6 %

6.3.1 Solarzellen

Die Solarzellen wurden, wie in Abbildung 6.2.1 dargestellt, aufgebaut. Der gewählte Akzeptor PC$_{71}$BM ist auf Grund seines LUMO Niveaus von -3.7 eV gut geeignet für die Verwendung mit PCDTPBt [229, 230]. Die Differenz der LUMO-Niveau-Energien von Polymer und Fulleren ist etwas höher als die typische Exzitonenbindungsenergie von 0.3 eV, siehe Abbildung 6.3.1a [231]. Dadurch wird eine effektive Exzitonendissoziation sichergestellt und gleichzeitig werden Spannungsverluste durch einen zu großen energetischen Versatz minimiert. In der Solarzelle äußert sich dies in einer bemerkenswert hohen Leerlaufspannung von bis zu $V_{\mathrm{oc}} = 0.84$ V.

Die $J - V$ Kennlinien von PCDTPBt:PC$_{71}$BM-Solarzellen mit aktiven Schichten, abgeschieden aus DCB und DCB:DIO, sind in Abbildung 6.3.1b gezeigt und die dazugehörigen elektrischen Kenngrößen sind in Tabelle 6.3.1 zusammen gefasst. Durch Hinzugabe von DIO zur DCB-Lösung wird die Effizienz um einen Faktor 1.8 erhöht. Dabei reduziert sich die Leerlaufspannung V_{oc} minimal, jedoch erhöhen sich der Füllfaktor FF und die Kurzschlussstromdichte j_{sc} deutlich. Mit dem erhöhten Füllfaktor geht ein reduzierter Serienwiderstand R_{s} und ein erhöhter Parallelwiderstand R_{p} einher, siehe dazu auch die Erklärung in Kapitel 2.2.1.2. Des Weiteren ist ein hoher Füllfaktor ein Indiz für ein ausbalanciertes Verhältnis der Mobilitäten von Elektronen und Löchern [49, 96, 232]. Die strukturellen Gründe für diese Veränderungen werden im Folgekapitel untersucht.

Nach der Bestimmung der $J - V$ Kennlinien wurden die Bauteile verkapselt, um ihre Gesamtabsorption, Abbildung 6.3.1c, und die EQE, Abbildung 6.3.1d, zu bestimmen. Solarzellen, die aus DCB:DIO abgeschieden wurden,

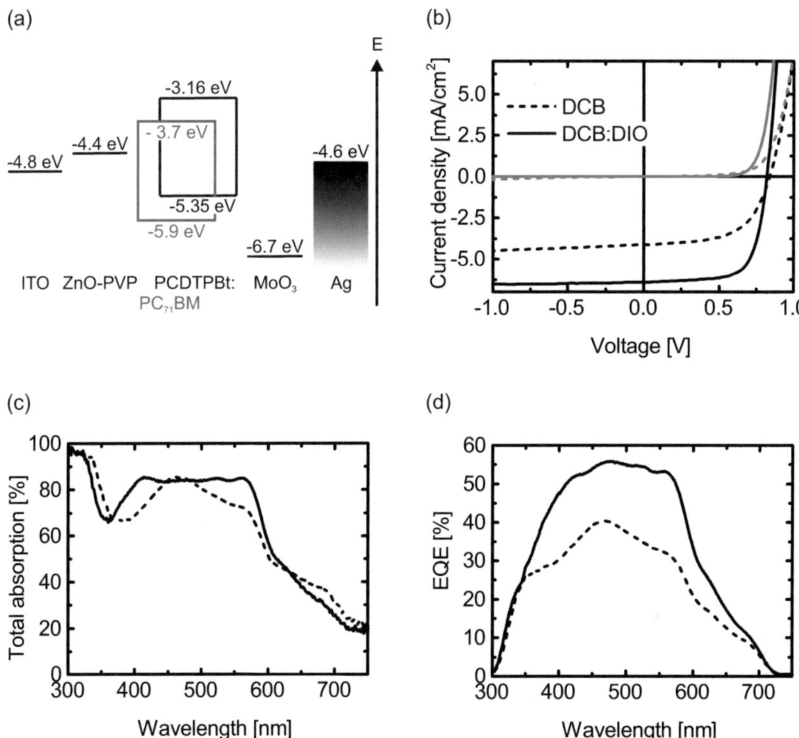

Abb. 6.3.1: (a) Schematische Darstellung der Energieniveaus in einer PCDTPBt:PC$_{71}$BM Solarzelle. (b) $J-V$ Kennlinien von Solarzellen, die aus DCB (gestrichelte Linie) oder DCB:DIO (durchgezogene Linie) abgeschieden wurden. Die Hellkennlinien sind schwarz, die Dunkelkennlinien grau. (c) Gesamtabsorption, gemessen in Reflexion mit einer Ulbricht-Kugel. (d) *EQE*. Alle Messungen wurden an den jeweils gleichen Bauteilen gemessen. Abbildung aus [185]. Mit freundlicher Genehmigung der American Chemical Society, Copyright 2013.

besitzen ein breites Plateau hoher Absorption zwischen 414 nm und 563 nm. Die stärkere Absorption bei 560 nm im Vergleich zur reinen DCB-Probe wird durch eine erhöhte Polymer-Aggregation erklärt. Da sich durch die Aggregation der Polymere der komplexe Brechungsindex meist ändert, ändert sich ebenfalls das Interferenzmuster, womit die verbesserte Absorption im Bereich um 410 nm zu erklären wäre [33, 37, 233].

Die veränderte Absorption spiegelt sich in den *EQE*-Spektren wieder, Abbildung 6.3.1d. In der DCB:DIO-Probe werden drei neue Features sichtbar, nämlich bei 432 nm ($EQE = 52.5\%$), bei 526 nm ($EQE = 54.5\%$) und bei 557 nm ($EQE = 53.2\%$) mit einem globalen Maximum bei 476 nm ($EQE = 55.9\%$). Außerdem sind die Absolutwerte der *EQE* im Vergleich zu der aus reinen DCB abgeschiedenen Probe über das ganze Spektrum deutlich erhöht.

6.3.2 Strukturuntersuchung

Zur Untersuchung des Einflusses des Prozessadditivs DIO auf die sich ausbildende Morphologie der aktiven Schicht wurden GIXD und Low-keV HAADF STEM Untersuchungen durchgeführt. In Abbildung 6.3.2 sind die Ergebnisse einer Serie von GIXD-Messungen dargestellt. Es wurden Filme aus reinem PCDTPBt, aus PCDTPBt:PC$_{71}$BM (DCB) und aus PCDTPBt:PC$_{71}$BM (DCB:DIO) miteinander verglichen. Die Beugungssignale wurden mit einem 2D-Detektor erfasst. Aus der 2D Darstellung wurden für Abbildung 6.3.2a und Abbildung 6.3.2b die Signale entlang der *x*- und der *z*-Richtung extrahiert. Auf Grund der Symmetrie in der *xy*-Ebene wird das gemessene In-plane Signal nicht mit q_x, sondern mit q_{xy} bezeichnet. Die in Abbildung 6.3.2a dargestellten Messdaten in Richtung q_{xy} enthalten Informationen über die molekulare Struktur entlang der *xy*-Ebene, während mit q_z in Abbildung 6.3.2b Strukturen senkrecht zur Probenebene beschrieben werden. Die Entstehung der Signale ist in Kapitel 2.3.3.4 eingehend erklärt.

Für das reine Polymer werden die Reflexionen $q_{xy} = 0.34\,\text{Å}^{-1}$ und $q_z = 1.7\,\text{Å}^{-1}$ gemessen, dem Gitterabstände von 18.5 Å und 3.7 Å entsprechen. Durch Vergleich mit dem auf der gleichen 2,7-Carbazol Donatoreinheit basierenden und strukturell ähnlichen Poly[N-9'-heptadecanyl-2,7-carbazole-*alt*-

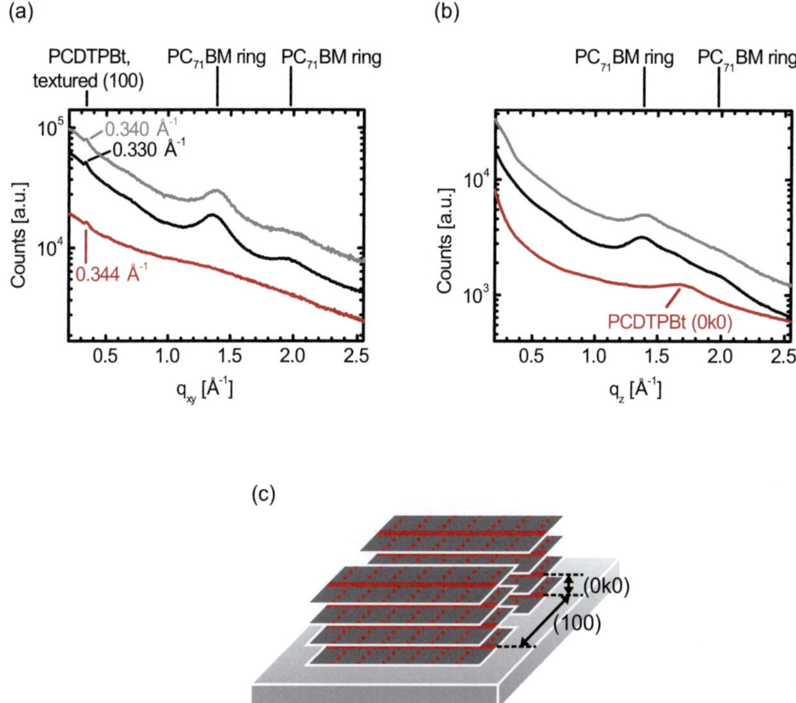

Abb. 6.3.2: (a) In-plane (q_{xy}) and (b) Out-of-plane (q_z) GIXD Signaturen von reinem PCDT-PBt (rote Linie), PCDTPBt:PC$_{71}$BM (schwarze Linie) und PCDTPBt:PC$_{71}$BM prozessiert mit DIO (graue Linie). (c) Face-On orientiertes PCDTPBt. Die Backbones sind parallel zur xy-Ebene orientiert, $\pi - \pi$ Stapelung ist in z-Richtung orientiert und die Seitengruppen sind ebenfalls parallel zur xy-Ebene orientiert. (a) und (b) sind aus [185] entnommen. Mit freundlicher Genehmigung der American Chemical Society, Copyright 2013.

5,5-(4',7'-di- 2-thienyl-2',1',3'-benzothiadiazole)] (PCDTBT) werden diese Reflexionen dem (100) Interlayer Stacking und dem (0k0) $\pi - \pi$ Stacking zugeordnet [225, 234]. Bemerkenswerterweise sind beide Abstände geringer als die Gitterabstände von PCDTBT, nämlich 21.4 Å und 4.6 Å, und weiteren, strukturell ähnlichen Poly(2,7-Carbazol)-Derivaten, für die Gitterabstände von $20.7 - 22.3$ Å und $4.4 - 4.9$ Å bestimmt wurden [225, 234]. Dies deutet darauf hin, dass PCDTPBt eine vorteilhafte, dichtere Packung als vergleichbare Polymere aufweist.

Da die (100) Reflexion nur im In-plane Signal erscheint, während die (0k0) Reflexion ausschließlich in der Out-of-plane Richtung auftritt, lässt sich damit auf die Orientierung von PCDTPBt schließen. Die aromatischen Ebenen orientieren sich bevorzugt Face-On zur Substratoberfläche, wie in Abbildung 6.3.2c schematisch dargestellt. Jedoch sei darauf hingewiesen, dass beide Reflexionen breit und vergleichsweise schwach sind, was darauf hindeutet, dass es sich um kleine, kristalline Domänen handelt, die in eine amorphe PCDTPBt-Matrix eingebettet sind.

Die beiden Mischsysteme, abgeschieden aus reinem DCB und DCB:DIO, weisen ebenfalls die beobachteten (100) und (0k0) Reflexionen auf. Folglich existieren in beiden Blends Face-On texturierte, kristalline Polymerdomänen. Der aus DCB:DIO abgeschiedene Film erzeugt, wie der reine PCDTPBt Film, eine Reflexion bei $q_{xy} = 0.34\,\text{Å}^{-1}$, die einem Gitterabstand von 18.5 Å entspricht. Das Signal des aus reinem DCB abgeschiedenen Films weist eine leichte Verschiebung der (100) Reflexion um $-0.01\,\text{Å}^{-1}$ hin zu $q_{xy} = 0.33\,\text{Å}^{-1}$ auf, folglich ist der Gitterabstand auf ~ 19 Å erhöht.

In dem aus reinem DCB abgeschiedenen PCDTPBt:PC$_{71}$BM-Film erscheint neben den Reflexionen, die dem Polymer zugeordnet werden, ein Beugungsring bei $q_{xy} = q_z = 1.37\,\text{Å}^{-1}$, der durch isotrop orientierte PC$_{71}$BM-Domänen entsteht [140]. Mit der gemittelten FWHM von $\Delta q = 0.22\,\text{Å}^{-1}$ wird durch Auswertung der Scherrer-Gleichung $L = 0.9 \times 2\pi/\Delta q$ die Mindestgröße PC$_{71}$BM-Kristallite zu $L_{\min} = 25$ Å abgeschätzt. Es sei jedoch darauf hingewiesen, dass es sich bei dieser Abschätzung um einen unteren Grenzwert handelt, da in einem Parakristall[3] die FWHM durch die unterschiedlichen Gitter-

---

[3]Zweiphasiges Polymer mit kristallinen und amorphen Bereichen.

konstanten eine Verbreiterung erfährt. In dem aus DCB:DIO abgeschiedenen Film wird der Beugungsring bei $q_{xy} = q_z = 1.4\,\text{Å}^{-1}$ beobachtet, ein Indiz auf eine leicht erhöhte Packungsdichte. Die FWHM ist gegenüber dem aus reinem DCB abgeschiedenen Film unverändert. Des Weiteren zeigt sich ein schwach ausgeprägter Beugungsring bei $q_{xy} = q_z = 1.97\,\text{Å}^{-1}$, der bei Abscheidung aus DCB:DIO ebenfalls zu größeren q-Werten schiebt. Dieser Ring wird ebenfalls dem $PC_{71}BM$ zugeordnet.

Obwohl die Reflexionen von einem deutlichen, amorphen Hintergrund überlagert werden, ist davon auszugehen, dass die beobachtete Face-On Orientierung und das daraus resultierende, vertikale $\pi - \pi$ Stacking einen effizienten vertikalen Lochtransport zur Elektrode ermöglichen [98, 170]. Der bei Abscheidung aus DCB:DIO leicht reduzierte (100) Gitterabstand wird die Lochmobilität jedoch nicht merkbar verändern.

Da GIXD nur für kristalline Strukturen sensitiv ist, wurden die aktiven Schichten, um ein vollständigeres Bild der Morphologie zu erhalten, zusätzlich per Low-keV HAADF STEM untersucht, siehe Abbildung 6.3.3a (DCB) und Abbildung 6.3.3b (DCB:DIO). Es ist zu erkennen, dass sich bei Abscheidung aus DCB:DIO ein feineres Netzwerk bildet und dass der Kontrast zwischen den hellen und den dunklen Bereichen erhöht ist. Ergänzend dazu wurden die gleichen Bereiche mittels SEM untersucht, um die Oberflächentopographie abzubilden, siehe Abbildung 6.3.3c und Abbildung 6.3.3d. Es bietet sich ein ähnliches Bild wie zuvor. Strukturen, die in den Low-keV HAADF STEM Abbildungen dunkel erscheinen, erscheinen auch in den SEM Abbildungen dunkel. Auf Grund der Kontrastentstehung bei der Detektion der Sekundärelektronen im SEM muss es sich bei diesen Strukturen um Vertiefungen auf der Probenoberfläche handeln.

Für eine chemische Identifikation der hellen und dunklen Strukturen wurde eine EDXS Analyse durchgeführt, siehe Abbildung 6.3.4. Dabei wurde der unterschiedliche Schwefelanteil in den verschiedenen Phasen der BHJ genutzt, um deren Komposition ortsaufgelöst zu bestimmen. Es zeigt sich, dass die dunkleren Phasen reich an PCDTPBt sind, während in den helleren Bereichen der $PC_{71}BM$-Anteil überwiegt.

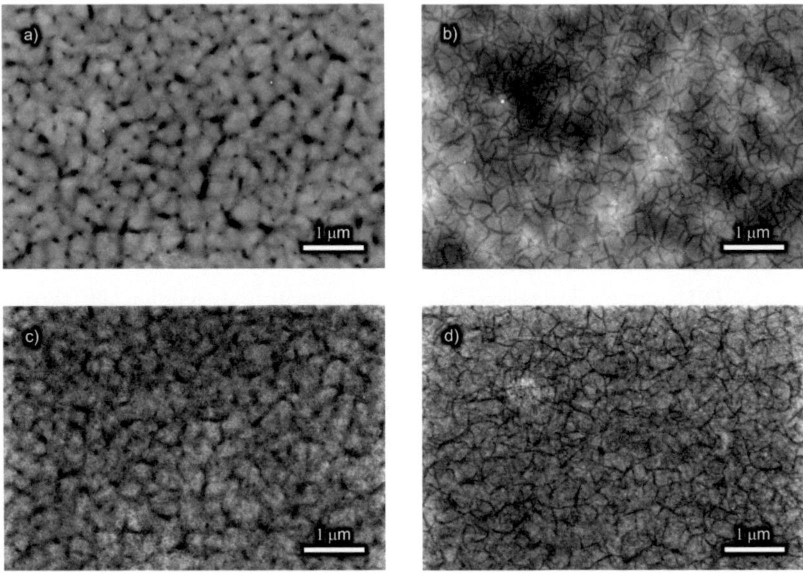

Abb. 6.3.3: Low-keV HAADF STEM Abbildungen der PCDTPBt:PC$_{71}$BM-Schichten abgeschieden aus (a) DCB und (b) DCB:DIO, aufgenommen bei 15 keV. Mittels EDXS wurden die dunklen Strukturen als PCDTPBt-reiche Phasen identifiziert, siehe Abbildung 6.3.4. (c) und (d) SEM Abbildungen der Oberflächen der gleichen Regionen wie in (a) und (b) gezeigt. Abbildung aus [185]. Mit freundlicher Genehmigung der American Chemical Society, Copyright 2013.

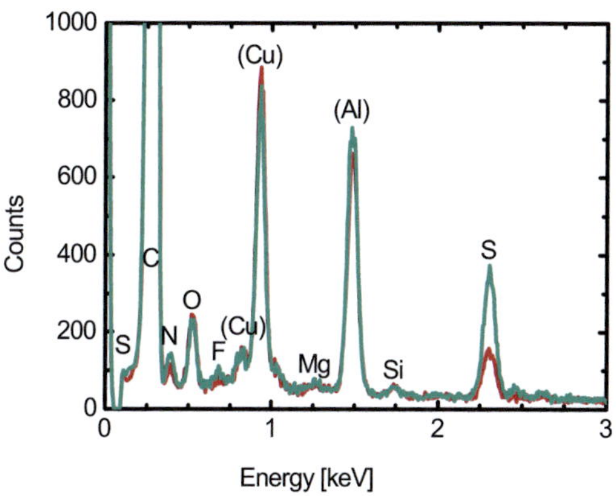

Abb. 6.3.4: Mittels EDXS Analyse wurden die dominierenden molekularen Beiträge in den hellen beziehungsweise dunklen Phasen der in Abbildung 6.3.3b gezeigten Probe (PCDTPBt:PC$_{71}$BM=1:2, DCB:DIO) identifiziert. Da Schwefel nur im PCDTPBt enthalten ist, wird die Intensität seines Kα- Peaks bei 2.31 keV ausgewertet. Dunklere Phasen in der Probe entsprechen PCDTPBt-reichen Regionen (grüne Linie), hellere Phasen entsprechen PC$_{71}$BM-reichen Regionen (rote Linie). Die Kupfer- und Aluminium-Peaks sind auf Beiträge zum Signal durch das TEM-Netzchen beziehungsweise die Mikroskopkammer zurückzuführen. Abbildung aus den Supporting Information von [185]. Mit freundlicher Genehmigung der American Chemical Society, Copyright 2013.

6.4 Morphologische Interpretation

Die in eine amorphe Matrix eingebetteten Polymerkristallite zeigen bevorzugt eine Face-On Orientierung. Dadurch wird ein effizienter, vertikaler Ladungstransport ermöglicht, der es prinzipiell erleichtert, einen hohen Füllfaktor in der Solarzelle zu erreichen. Außerdem ist die $\pi - \pi$ Stacking-Distanz von PCDTPBt mit 3.7 Å deutlich geringer als bei strukturell ähnlichen Poly(2,7-Carbazol)-Derivaten. Es ist anzunehmen, dass eine hohe Mobilität entlang der (0k0) Stapelrichtung, also der z-Richtung, vorliegt. Dies sollte sich ebenfalls in einem erhöhten Füllfaktor bemerkbar machen. Jedoch wird erst mit der Hinzugabe von DIO eine Veränderung induziert, die tatsächlich zu hohen Füllfaktoren führt. In den Low-keV HAADF STEM Abbildungen wird sichtbar, dass sich eine feinere Struktur der BHJ ausbildet und dass die durchschnittliche Domänengröße abnimmt. Gleichzeitig dazu bildet sich im Absorptionsspektrum eine schulterartige Struktur aus, die als Hinweis für eine erhöhte Polymer-Aggregation angesehen wird. Durch Korrelation der Elektronenmikroskopie und der UV/Vis-Spektroskopie wird geschlussfolgert, dass durch die Zugabe von DIO die Durchmischung der Phasen reduziert wird und sich kleinere, reinere Domänen bilden. Diese Interpretation erklärt auch, dass bei Abscheidung aus DCB:DIO der (100) Gitterabstand reduziert wird, da die Polymere leichter interdigitieren können, wenn sich weniger "störendes" $PC_{71}BM$ zwischen ihren Seitengruppen befindet. Als Folge (i) vergrößert sich die Grenzfläche zwischen Polymer und Fulleren, die dann von mehr Exzitonen erreicht wird, die dort effizient dissoziieren können, (ii) in den reineren Polymer-Phasen wird die Rekombination reduziert und gleichzeitig (iii) dienen die länglichen Strukturen als Perkolationspfade für die Ladungsträger. Mit dieser Erklärung für die durch das DIO bewirkte Veränderung können die erhöhte Kurzschlussstromdichte und der gestiegene Füllfaktor erklärt werden.

Diese Analyse zeigt auf, welch massiven Einfluss die molekulare Mischbarkeit auf die Eigenschaften und Effizienz der Solarzelle hat. Auch für weitere Materialsysteme, wie dem hocheffizienten PTB7, wurden von Collins et al. ähnliche Korrelationen aufgezeigt [122].

7 Spektroskopische Ellipsometrie an Polymer:Fulleren Mischsystemen

Die spektroskopische Ellipsometrie (SE) wurde im Rahmen dieser Arbeit genutzt, um die räumliche Orientierung von Polymeren in reinen Polymer-Filmen und in Polymer:Fulleren-Filmen mittels Auswertung der anisotropen optischen Konstanten zu bestimmen. In diesem Kapitel wird zuerst die Messmethode beschrieben und der die Wechselwirkung von polarisierter Strahlung mit der Probe beschreibende Formalismus eingeführt. Darauf aufbauend wird das zur Analyse der Messdaten und zur Entwicklung der dafür benötigten parametrisierten optischen Modelle entwickelte zweistufige Verfahren erläutert. Mit diesem allgemein anwendbaren Verfahren werden die beiden Materialsysteme PSBTBT:$PC_{71}BM$ und PCPDTBT:$PC_{71}BM$ untersucht. Es wird gezeigt, dass mit dem gewählten Ansatz die Dichteverhältnisse zwischen Polymer und Fulleren zusätzlich zum komplexen Brechungsindex präzise bestimmt werden können. Durch Auswertung der anisotropen Extinktionskoeffizienten der Polymere und deren Mischsysteme wird auf den Grad der Aggregation und deren bevorzugte Ausrichtung geschlossen. Für PSBTBT:$PC_{71}BM$ stehen komplementäre GIXD Daten zur Verfügung, die mit den Ergebnissen der Ellipsometrie verglichen werden. Beide Methoden führen zu einem ähnlichen morphologischen Bild. Der große Vorteil der Ellipsometrie gegenüber den beugungsbasierten Röntgenstrukturanalysen besteht darin, dass es möglich ist, amorphe Materialsysteme zu untersuchen. Es ist davon auszugehen, dass sich der Einsatzbereich der Ellipsometrie zukünftig weiter ausweiten wird, da viele der hocheffizienten Solarzellenmaterialien einen geringen Grad an Kristallinität aufweisen. Insbesondere ist abzusehen, dass Ellipsometer zukünftig zur Echtzeitüberwachung der Produktion organischer Solarzellen eingesetzt werden.[1]

---

[1]Zur Entwicklung des Analyseverfahrens haben die Studenten Dipl.-Ing. Panagiota Kapetana, M.Sc. Gustavo Quintas Glasner de Medeiros und Dipl.-Phys. Aurélien Leguy beigetragen [235–238]. Die Präparation

7.1 Motivation und Zielsetzung

Bei der spektroskopischen Ellipsometrie handelt es sich um eine kontaktlose, nicht-destruktive Messmethode zur Charakterisierung dünner Filme. Bereits mit einfachen Auswerteroutinen ist es möglich, die Schichtdicken von Einzelfilmen oder von Schichtsystemen und deren effektive Oberflächenrauigkeiten hochpräzise zu bestimmen. Durch eine erweiterte Auswertung der ellipsometrischen Messdaten wird auf den komplexen Brechungsindex $N(\lambda)$ geschlossen [241, 242]:

$$N = n - \mathrm{i}k. \tag{7.1.1}$$

Dabei ist $n(\lambda)$ der Brechungsindex und $k(\lambda)$ der Extinktionskoeffizient. Wird zusätzlich angenommen, dass für die magnetische Permeabilität $\mu_r(\lambda) = 1$ gilt, so folgt für die dielektrische Funktion[2] $\varepsilon_r(\lambda)$ mit ihrem Realteil $\varepsilon_{r,1}(\lambda)$ und Imaginärteil $\varepsilon_{r,2}(\lambda)$:

$$N = \sqrt{\varepsilon_r} = \sqrt{\varepsilon_{r,1} - \mathrm{i}\varepsilon_{r,2}}. \tag{7.1.2}$$

Kommen bei der Auswertung komplexere Methoden zum Einsatz, wird es möglich, elektrische Flächenwiderstände, vertikale Gradienten und optische Anisotropien zu bestimmen [99, 102, 124, 141, 161, 162, 240, 243]. Weitere, interessante Anwendungen der Ellipsometrie liegen in *in-situ* Messungen und der Echtzeitüberwachung industrieller Prozesse, wie zum Beispiel die R2R-Beschichtung organischer Photovoltaik [244, 245].

Zielsetzung an dieser Stelle ist es, durch die Analyse der anisotropen optischen Konstanten Einblick in die Morphologie organischer Solarzellen zu erhalten. Insbesondere soll die räumliche Orientierung der Polymere bestimmt

---

der Proben und die Durchführung der Ellipsometriemessung erfolgte im Rahmen der Masterarbeit von M.Sc. Gustavo Quintas Glasner de Medeiros [237]. Die in Tabelle 7.4.5 gegebenen Materialdichten von $PC_{71}BM$, PSBTBT und PCPDTBT wurden von Prof. Dr. Mark Dadmun der University of Tennessee und des Oak Ridge National Laboratory's zur Verfügung gestellt. Die optischen Konstanten von PSBTBT:$PC_{71}BM$ wurden in [170, 239] zur Auswertung von Reflexionssignalen beziehungsweise zur optischen Bauteilsimulation verwendet. Der Inhalt dieses Kapitels entspricht in Teilen der Veröffentlichung [240].

[2]Die relative dielektrische Funktion beziehungsweise relative Permittivität wird in dieser Arbeit einheitlich mit ε_r bezeichnet. Es sei darauf hingewiesen, dass im Bereich der Optik oft nur vereinfachend von der dielektrischen Funktion ε gesprochen wird [241].

werden und der anisotrope Extinktionskoeffizient hinsichtlich optischer Signaturen einer Polymeraggregation untersucht werden.

Bei den Materialsystemen der OPV ist es meist nicht möglich, auf bereits in der Literatur veröffentlichte, tabellierte Werte für den komplexen Brechungsindex zurückzugreifen. Zu sehr werden die optischen Eigenschaften durch die Materialparameter (Molekulargewicht und Polydispersitätsindex), durch das Polymer:Fulleren-Verhältnis, durch das Lösemittelsystem, durch die Trocknungsbedingungen und, falls durchgeführt, durch die thermische Nachbehandlung beeinflusst [49, 116, 121, 124, 159, 161, 165, 166, 233, 240, 246, 247]. Erschwerend wird in vielen Veröffentlichungen nicht präzise dargelegt, wie der komplexe Brechungsindex aus den Ellipsometrie-Messdaten extrahiert wurde.

Daher wurde im Rahmen dieser Arbeit ein zweistufiges Verfahren zur Entwicklung eines adaptierbaren optischen Modells zur Beschreibung der BHJ entwickelt [240]. Bevor die Modellierungsroutine erläutert und angewendet wird, wird im Folgenden die Messmethode erklärt und die Wechselwirkung polarisierter Strahlung mit der Probe untersucht.

7.2 Messmethode

7.2.1 Rotating Analyzer Ellipsometry

Die spektroskopischen Ellipsometrie-Messungen wurden mit einem *Variable Angle Spectroscopic Ellipsometer*[3] (VASE) in der Ellipsometer-Konfiguration *Rotating Analyzer Ellipsometer* (RAE) durchgeführt, das mit einem Retarder[4] ausgestattet ist. Der Term spektroskopisch indiziert dabei, dass verschiedene Wellenlängen bei der Messung durchlaufen werden. Das für die vorliegende Analyse genutzte System ermöglicht Messungen im Spektralbereich von 193 nm bis 2400 nm.

Das mit einer monochromatischen Lichtquelle (Xenon Lampe und Monochromator) erzeugte Licht wird über eine Glasfaser in das VASE-System eingekoppelt. Das unpolarisierte Licht durchläuft zuerst einen feststehenden Po-

---

[3] J. A. Woollam Co. Inc., VASE.

[4] J. A. Woollam Co. Inc., AutoRetarder.

larisator $\hat{P}$, den es linear polarisiert verlässt, um dann auf ein variables Kompensatorelement $\hat{C}$, auch Retarder genannt, zu treffen. Der Retarder ist ein doppelbrechender Kristall, der durch Phasenverzögerung die Art der Polarisation ändert. Ist er zudem rotierbar, so lässt sich die Art der Polarisation frei einstellen. Im weiteren Strahlverlauf trifft das Licht definierter Polarisation auf die Probe, wird reflektiert[5], ändert dabei die Art seiner Polarisation, durchläuft den rotierenden Analysator $\hat{A}$ und generiert ein Signal am Photodetektor. Durch Auswertung des zeitlich veränderlichen Signals I_D wird auf die in Abschnitt 7.2.2 näher erläuterten Parameter Amplitudenverhältnis Ψ und Phasendifferenz Δ geschlossen [241, 242].

Die ellipsometrische Messung kann mathematisch in einer Matrixnotation, wie zum Beispiel dem Jones- oder Müller-Formalismus, beschrieben werden. In der Darstellung nach Jones für vollständig polarisierte Strahlung ergibt sich für das RAE mit Kompensator [241]:

$$\vec{E}_r = \hat{R}(-A)\,\hat{A}\hat{R}(A)\,\hat{S}\hat{C}\hat{R}(-P)\,\hat{P}\hat{R}(P)\,\vec{E}_i. \tag{7.2.1}$$

Dabei beschreibt $\vec{E}_i$ die einfallende Strahlung, die Rotationsmatrizen $\hat{R}(P)$ und $\hat{R}(A)$ die Rotation von Polarisator und Analysator um die Winkel P und A, $\hat{S}$ die Wechselwirkung mit der Probe und $\vec{E}_r$ den Jones-Vektor des am Detektor auftreffenden reflektierten Lichtes. Das Ausschreiben der Matrixelemente liefert

$$\begin{aligned}
\vec{E}_r = {} & \begin{bmatrix} 1 & 0 \\ 0 & 0 \end{bmatrix} \begin{bmatrix} \cos A & \sin A \\ -\sin A & \cos A \end{bmatrix} \hat{S} \begin{bmatrix} \exp(-i\delta) & 0 \\ 0 & 1 \end{bmatrix} \\
& \times \begin{bmatrix} \cos P & \sin -P \\ \sin P & \cos P \end{bmatrix} \begin{bmatrix} 1 & 0 \\ 0 & 0 \end{bmatrix} \begin{bmatrix} \cos P & \sin P \\ -\sin P & \cos P \end{bmatrix} \vec{E}_i,
\end{aligned} \tag{7.2.2}$$

darin beschreibt δ den durch den Retarder generierten Gangunterschied. Die Rotationsmatrix $\hat{R}(-A)$ muss nicht angewendet werden, da der Detektor nicht

---

[5]Ellipsometrische Messungen transparenter Proben können ebenfalls in einer Transmissionskonfiguration durchgeführt werden. In dieser Arbeit wurden jedoch ausschließlich reflektive Messmodi genutzt. Die Beschreibung des Messverfahrens erfolgt daher nur für die reflektive Konfiguration.

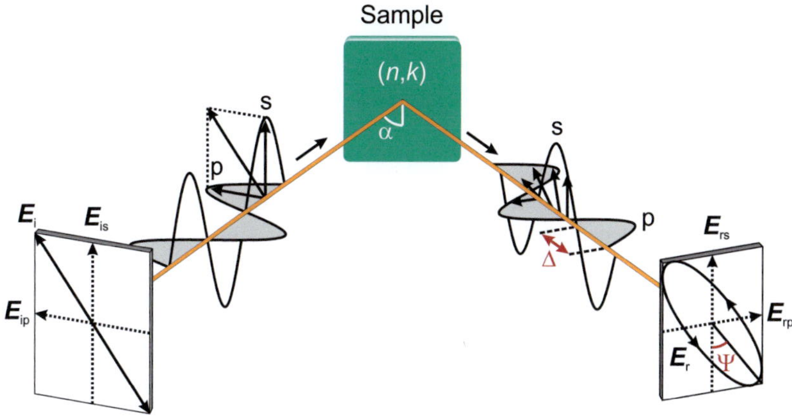

Abb. 7.2.1: Schematische Darstellung des Messprinzips der Ellipsometrie. Der einfallende Lichtstrahl $\vec{E}_i$, hier linear polarisiertes Licht, wird auf Grund der unterschiedlichen Amplitudenreflexionskoeffizienten für p- und s-Polarisation als elliptisch polarisiertes Licht reflektiert. Darstellung nach [241].

polarisationssensitiv ist. Die die Wechselwirkung mit der Probe beschreibende Matrix $\hat{S}$ ist in Abschnitt 7.2.2 gegeben. Für die Signalintensität I_D gilt [242]:

$$I_D \propto \left| \vec{E}_r \right|^2 . \tag{7.2.3}$$

Zusätzlich wird das Licht am Ausgang des Monochromators moduliert und das Detektorsignal synchronisiert ausgelesen. Durch die Verwendung der Lock-In Technik ist es möglich, mit einem monochromatischen Lichtstrahl geringer Intensität bei Raumlicht zu messen und jederzeit eine ausreichende Signalqualität zu erhalten.

7.2.2 Wechselwirkung polarisierter Strahlung mit der Probe

In Abbildung 7.2.1 wird das Messprinzip der Ellipsometrie schematisch dargestellt. Polarisiertes Licht trifft unter dem Winkel α auf die Probe. Mathematisch kann Polarisation durch Überlagerung zweier Basispolarisationen dargestellt werden. In der Ellipsometrie werden die Polarisationszustände von einfallendem und reflektiertem Strahl im Koordinatensystem der p- und s-Polarisation beschrieben. Der einfallende Lichtstrahl $\vec{E}_i$ wird durch die beiden Basisvektoren $\vec{E}_{ip}$ und $\vec{E}_{is}$ definiert. Das Koordinatensystem für den reflektierten Strahl $\vec{E}_r$ ist so gewählt, dass in der *Straight-Through* Konfiguration $\alpha = 90°$ sich die einfallenden mit den reflektierten Vektoren $\vec{E}_{rp}$ und $\vec{E}_{rs}$ vollständig überlagern. Die durch die Fresnelschen Formeln gegebenen komplexwertigen Amplitudenreflexionskoeffizienten r_p und r_s isotroper Proben bewirken für die p- und s-Komponente eine Änderung von Amplitude und Phase [241].

Mit der Ellipsometrie werden die reellwertigen Parameter Amplitudenverhältnis Ψ und Phasendifferenz Δ der beiden Komponenten bestimmt. Für den komplexen ellipsometrischen Parameter ρ gilt:

$$\rho \equiv \tan\Psi \exp(i\Delta) \equiv \frac{r_p}{r_s}. \tag{7.2.4}$$

In realen Proben sind die Reflexionskoeffizienten die Summe der Teilreflexionen, die an den Grenzflächen der Probe entstehen. Die vom Ellipsometer detektierten, effektiven Reflexionskoeffizienten, die die Dünnschichtinterferenzen berücksichtigen, werden als Pseudo-Reflexionskoeffizienten der Probe bezeichnet [242]. Zur Vereinfachung der Nomenklatur wird im Folgenden, wie in der Literatur üblich, nur der Term Reflexionskoeffizient verwendet [241, 242]. Die die Reflexion an einer isotropen Probe beschreibende Jones-Matrix hat die Form

$$\hat{S}_{\text{isotrop}} = \begin{bmatrix} r_p & 0 \\ 0 & r_s \end{bmatrix}. \tag{7.2.5}$$

Die Reflexion an optisch anisotropen Proben ($n_x \neq n_y \neq n_z$) lässt sich ebenfalls durch eine Jones-Matrix beschreiben. Die Nebendiagonal-Elemente der Jones Matrix für anisotrope Proben sind meistens von Null verschieden und es gilt:

$$\hat{S}_{\text{anisotrop}} = \begin{bmatrix} r_{pp} & r_{ps} \\ r_{sp} & r_{ss} \end{bmatrix}. \tag{7.2.6}$$

Anschaulich bedeutet Gleichung 7.2.6, dass eine einfallende p-polarisierte

Komponente eine p- und eine s-polarisierte Reflexion generiert. Gleiches gilt für die einfallende s-polarisierte Komponente [241].

Der allgemeinste Ansatz zur Bestimmung der vier Reflexionskoeffizienten in $\hat{S}_{\text{anisotrop}}$ stellt die 4×4 Matrix Methode dar. Wenn jedoch die Hauptachsen des Indexellipsoids mit dem xyz-Koordinatensystem der Probe übereinstimmen, nimmt $\hat{S}_{\text{anisotrop}}$ wieder eine diagonale Form ($r_{\text{ps}} = r_{\text{sp}} = 0$) ein. In diesem Sonderfall können die Reflexionskoeffizienten r_{pp} und r_{ss} durch die Fresnelschen Formeln für anisotrope Medien beschrieben werden [241].

Für die im Rahmen dieser Arbeit untersuchten Polymere wird, gestützt durch GIXD-Experimente, angenommen, dass sie eine uniaxiale Anisotropie aufweisen und $n_{\text{x}} = n_{\text{y}}$ gilt [170]. Die optische Achse ist senkrecht zur Probenebene orientiert und es tritt der im vorangegangenen Absatz diskutierte Sonderfall $r_{\text{ps}} = r_{\text{sp}} = 0$ ein. Daher ist es möglich, die gemessenen Werte Ψ und Δ sowohl isotrop als auch anisotrop auszuwerten [242].

7.3 Konzept der Datenanalyse und Modellentwicklung

In der Einleitung zu diesem Kapitel wurde erläutert, dass die optischen Eigenschaften eines Polymer:Fulleren-Mischsystems stark vom Mischungsverhältnis und den gewählten Prozessbedingungen abhängen. Folglich müssten die optischen Eigenschaften individuell für jeden Parametersatz bestimmt werden. Dies passiert in der Praxis jedoch relativ selten, da die dafür benötigte Modellentwicklung zeitaufwendig ist, während im Labor eine Vielzahl von Experimenten mit variierenden Parametern durchgeführt wird.

Dies hat zur Folge, dass die Untersuchung und Optimierung neuer Absorbermaterialien oder Zellarchitekturen durch Ausprobieren erfolgt und selten durch optische Simulationen unterstützt wird. Mag dieses Vorgehen bei gewöhnlichen organischen Solarzellen zum Erfolg führen, ist der bei komplexen Bauteilarchitekturen, wie Tandemsolarzellen, variierbare Parameterraum schnell zu groß. Ein essentieller Eingangsparameter für die optischen Simulationen ist der komplexe Brechungsindex.

Im Rahmen dieser Arbeit wurde ein zweistufiges Verfahren entwickelt, das die Modellentwicklung vereinfacht und es gleichzeitig ermöglicht, den (anisotropen) Brechungsindex präzise zu bestimmen [240]:

- Im ersten Schritt werden die Konstituenten des D:A-Mischsystems getrennt voneinander behandelt. Pro Konstituent wird eine parametrisierte dielektrische Funktion zur Beschreibung der optischen Eigenschaften entwickelt. Die Parametrisierung ermöglicht eine flexible Anpassung auf prozessbedingte Unterschiede.

- Im zweiten Schritt werden die optischen Modelle der Konstituenten, gewichtet nach ihrem Volumen, in einer *Effective Medium Approximation* (EMA) zusammengeführt. Durch Änderung des Volumenverhältnisses erfolgt die Anpassung an beliebige Mischungsverhältnisse.

Dieser Ansatz erlaubt es, mit nur zwei optischen Modellen einen weiten experimentellen Parameterbereich für eine D:A-Kombination abzudecken und die optischen Eigenschaften des Mischsystems zu bestimmen. Ein weiterer Vorteil ist, dass in organischen Solarzellen nur wenige, unterschiedliche Fullerenderivate, meist $PC_{61}BM$ oder $PC_{71}BM$, verwendet werden. Nachdem diese beiden Standard-Fullerene einmal charakterisiert sind, muss bei der Untersuchung einer neuen D:A-Kombination für die Durchführung des ersten Schrittes nur noch das Polymer charakterisiert werden. Mit den optischen Modellen verschiedener Donatoren und Akzeptoren wurde begonnen eine Datenbank aufzubauen.

Die Auswertung der spektroskopischen Messdaten erfolgte mit Hilfe der Software WVASE[6]: Zuerst wird ein optisches Modell konstruiert, das aus vier verschiedenen *Layern*[7] besteht. Jeder Layer beschreibt bestimmte physikalische Eigenschaften der Probe. In Abbildung 7.3.1a ist ein typisches, isotropes optisches Modell, bestehend aus vier Layern, gezeigt. Layer 0 ist als Substrat definiert, Layer 1 repräsentiert die Interface-Rauigkeit, Layer 2 enthält die parametrisierte Definition von ε_r und Layer 3 beschreibt die

---

[6]J. A. Woollam Co. Inc., WVASE32, Version 3.774.

[7]Der Term *Layer* bezieht sich auf einen Layer im optischen Modell und entspricht nicht zwangsläufig einer physikalisch existierenden Schicht.

(a)

#3	Srough	1.5 nm
#2	GenOsc (ε_r)	100 nm
#1	Interface roughness	1.1 nm
#0	Substrate	1 mm

(b)

#5	Srough	1.5 nm
#4	Uniaxial (#2, #3)	100 nm
#3	GenOsc ($\varepsilon_{r,z}$)	0 nm
#2	GenOsc ($\varepsilon_{r,xy}$)	0 nm
#1	Interface roughness	1.1 nm
#0	Substrate	1 mm

Abb. 7.3.1: Vereinfachte, beispielhafte schematische Darstellung eines optischen Modells für ein Polymer in WVASE. (a) Isotropes Modell. Layer #1 beschreibt eine Interface-Rauigkeit, die durch die Oberflächenrauigkeit des Substrats entsteht. Layer #2 beinhaltet die parametrisierte Definition der dielektrischen Funktion ε_r, die aus der linearen Überlagerung der Oszillatorterme $\varepsilon_{r,i}$ gebildet wird. Die Definition erfolgt im sogenannten General Oscillator Layer. Layer #3 repräsentiert eine Oberflächenrauigkeit. (b) Anisotropes Modell. Layer #0, #1 und #5 sind in Analogie zu dem isotropen Modell definiert. Layer #2 und #3 sind virtuelle Layer und definieren ε_{xy} und ε_z. Der anisotrope Layer #4 greift auf die in #2 und #3 definierten Elemente der dielektrischen Funktionen zu und kombiniert sie zu einer uniaxial anisotropen Layer. Die Interface- und Oberflächen-Rauigkeiten in (a) und (b) werden durch EMAs beschrieben.

Oberflächenrauigkeit in einer EMA. Zusätzlich ist für jeden Layer eine Schichtdicke definiert.

Die dielektrischen Funktionen werden durch Oszillatormodelle beschrieben. Dazu wird jedem optischen Übergang innerhalb des Messbereichs ein ihn beschreibender Oszillatorterm $\varepsilon_{r,i}$ zugeordnet. Optische Übergänge, die außerhalb des Messbereichs liegen, deren Dispersion aber den Realteil der dielektrischen Funktion $\varepsilon_{r,1}$ innerhalb des Messbereiches beeinflusst, werden über die beiden *Pole Functions* $\varepsilon_{r,1,Pole\#1}$ und $\varepsilon_{r,1,Pole\#2}$ für hohe beziehungsweise niedrige Energien berücksichtigt. Funktional entsprechen sie Sellmeier-

Oszillatoren [242]. Die dielektrische Funktion[8] ε_r eines Materials ist durch die Summe ihrer Oszillatorterme $\varepsilon_{r,i}$ gegeben:

$$\begin{aligned}
\varepsilon_r &= \varepsilon_{r,1} - i\varepsilon_{r,2} \\
&= \varepsilon_{r,\infty} + \varepsilon_{r,1,\text{Pole\#1}} + \varepsilon_{r,1,\text{Pole\#2}} + \sum_{i=1}^{n} \varepsilon_{r,1,i} - i\varepsilon_{r,2,i}.
\end{aligned} \tag{7.3.1}$$

$\varepsilon_{r,\infty}$ ist eine reellwertige Konstante. Zur Beschreibung der optischen Übergänge der in Abschnitt 7.4 untersuchten Materialien wurde ein Oszillatortyp gewählt, der für den Imaginärteil der dielektrischen Funktion $\varepsilon_{r,2,i}$ einen gaußförmigen Kurvenverlauf erzeugt:

$$\begin{aligned}
\varepsilon_{r,2,i} = {} & A\exp\left[-\left(\frac{2\sqrt{\ln 2}(E-E_i)}{Br_i}\right)^2\right] \\
& - A_i\exp\left[-\left(\frac{2\sqrt{\ln 2}(E+E_i)}{Br_i}\right)^2\right].
\end{aligned} \tag{7.3.2}$$

A_i ist die Amplitude, E_i die Schwerpunktenergie und Br_i die Breite des Oszillators [242]. Durch eine Kramers-Kronig-Transformation wird der Realteil

$$\varepsilon_{r,1,i} = \frac{2}{\pi} P \int_0^\infty \frac{\xi \varepsilon_{r,2,i}(\xi)}{\xi^2 - E^2} d\xi \tag{7.3.3}$$

mit dem Cauchyschen Hauptwert P bestimmt [248].

Mit der parametrisierten Beschreibung der dielektrischen Funktion werden die Pseudo-Reflexionskoeffizienten der Probe bestimmt. Damit ist die Jonesmatrix $\hat{S}$ vollständig bestimmt und der spektrale Verlauf von Ψ^{mod} und Δ^{mod} kann durch das Modell simuliert werden. Dieser Verlauf wird mit den im Experiment bestimmten Werten Ψ^{exp} und Δ^{exp} vergleichen. Durch Variation der die einzelnen Layer definierenden Parameter, wie zum Beispiel Schichtdicke, Oszillatorparameter und Mischungsverhältnis, werden die modellgenerierten an die experimentell bestimmten Daten angeglichen. Ziel ist es, eine möglichst gute Übereinstimmung zu erhalten. Der Unterschied zwischen Experi-

---

[8]Hier wird ε_r vereinfacht, gültig für isotrope Medien, als Skalar betrachtet. Für optisch anisotrope Materialien ist ε_r ein Tensor zweiter Stufe. Im Inertialsystem des Indexellipsoids ist der dielektrische Tensor diagonalisiert [241]. Die Elemente der Hauptdiagonalen sind durch $\varepsilon_{r,\alpha}$, $\varepsilon_{r,\beta}$ und $\varepsilon_{r,\gamma}$ gegeben und werden in Analogie zu ε_r beschrieben.

ment und Modell wird durch den sogenannten *Mean Squared Error* (*MSE*) quantifiziert:

$$MSE = \sqrt{\frac{1}{2N-M} \sum_{j=1}^{N} \left[\left(\frac{\Psi_j^{\text{mod}} - \Psi_j^{\text{exp}}}{\sigma_{\Psi,j}^{\text{exp}}} \right)^2 + \left(\frac{\Delta_j^{\text{mod}} - \Delta_j^{\text{exp}}}{\sigma_{\Delta,j}^{\text{exp}}} \right)^2 \right]} . \qquad (7.3.4)$$

Dabei ist N die Anzahl aller Ψ-Δ Paare, M die Anzahl der Fitparameter im Modell und σ die Standardabweichung [242]. Der MSE wird als gewichtete Fehlerfunktion für die Ausführung des Marquardt-Levenberg Algorithmus während des Fits verwendet, um die Abweichungen zwischen Experiment und Modell weiter zu reduzieren [249, 250]. Es sei darauf hingewiesen, dass der MSE keine Messgröße darstellt und daher im Allgemeinen nicht geeignet ist, um unterschiedliche Fits miteinander zu vergleichen [241].

Die hier beschriebene Regressionsanalyse zielt darauf, den MSE bis zum Erreichen seines globalen Minimums zu reduzieren. Es ist jedoch nicht auszuschließen, dass die Fitroutine in einem lokalen Minimum endet. Daher werden begleitende Methoden genutzt, um das Modell physikalisch "sinnvoll" aufzubauen und um den Fit zu überprüfen. Dies ist für die in Abschnitt 7.4 beschriebene Auswertung durch die folgenden Maßnahmen und Methoden geschehen [207, 240]:

- Zu jeder Ellipsometriemessung werden mit dem Ellipsometer Transmissionsspektren am exakt gleichen Messpunkt aufgenommen. Dazu wird das Substrat so rotiert, dass der Lichtstrahl senkrecht einfällt. Der Detektor wird hinter dem Substrat positioniert. Die experimentell gemessenen Transmissionsdaten werden mit den modellgenerierten Werten verglichen.

- Es wird eine *Multi-Sample*-Analyse durchgeführt. Verschiedene Proben mit unterschiedlichen Schichtdicken werden nacheinander vermessen. Die Daten werden gleichzeitig mit demselben optischen Modell ausgewertet. Dadurch können Parameterkorrelationen effektiv reduziert werden.

- Zu Beginn der Auswertung werden die Schichtdicken der auf Glassubstraten abgeschiedenen Dünnfilme in einem transparenten Spektralbereich durch Anfitten einer Cauchy-Dispersionsrelation bestimmt und mit Profilometer-Messungen verglichen [251]. Im Normalfall ergeben beide Messungen innerhalb ihrer Standardabweichung identische Werte für die Schichtdicken. In der weiteren Analyse der Messdaten werden die Schichtdicken nicht mehr gefittet.

- Die Startwerte für den Fit der Schwerpunktenergie $E_{i,\text{input}}$ der Gaußschen Oszillatoren $\varepsilon_{r,i}$ werden aus optischen Spektren abgeleitet. Neben den Transmissionsspektren der dünnen Filme wird die Transmission von Lösungen verschiedener Konzentrationen bestimmt. Aus den in den Spektren vorkommenden, charakteristischen Absorptionsmerkmalen wird auf die Werte von $E_{i,\text{input}}$ geschlossen. Dieser Ansatz zur Bestimmung von $E_{i,\text{input}}$ wird durch das zweistufige Analyseverfahren begünstigt, da sich bei der Analyse der Einzelkomponenten die optischen Übergänge wesentlich besser identifizieren lassen, weil sie nicht von der zweiten Komponente überlagert werden. Dadurch werden präzisere Startwerte für die Regressionsanalyse gefunden.

- Die Verwendung der in Gleichung 7.3.2 definierten Oszillatoren garantiert die volle Kramers-Kronig-Konsistenz.

Mit diesem Ansatz werden isotrope optische Modelle für Polymer und Fulleren entwickelt. Die in der organischen Photovoltaik verwendeten Polymere, können auf Grund ihrer Konjugation als nahezu flache, zweidimensionale Moleküle betrachtet werden [120, 148, 163, 172]. Folglich ist es naheliegend, die Dünnfilme auf Anisotropie zu untersuchen. Dabei kann angenommen werden, dass sie keine bevorzugte Ausrichtung in der xy-Ebene besitzen [252, 253]. Zur Beschreibung wird ein uniaxiales Modell mit $\varepsilon_{r,xy}$ und $\varepsilon_{r,z}$ verwendet.

In Abbildung 7.3.1b ist das Schema des korrespondierenden anisotropen optischen Modells gezeigt. Layer 0 und 1 sind wie im isotropen Modell definiert, Layer 2 und 3 sind virtuelle Layer mit der Schichtdicke 0 nm, die die Definition für ε_{xy} und ε_z enthalten, Layer 4 kombiniert $\varepsilon_{r,xy}$ und $\varepsilon_{r,z}$ zu einer uniaxialen Schicht der Schichtdicke 100 nm und Layer 5 beschreibt die Oberflächenrauigkeit in einer EMA.

Aus $\varepsilon_{r,xy}$ kann der komplexe Brechungsindex N_{xy} bestimmt werden. N_{xy} beschreibt die Wechselwirkung mit Licht, das entlang der z-Achse propagiert, dabei senkrecht auf die Probe trifft und dessen elektrischer Feldvektor in der xy-Ebene oszilliert. N_z beschreibt die Wechselwirkung mit einem elektrischen Feld, das senkrecht zur Oberfläche der Probe oszilliert. Dies entspricht einem Lichteinfall unter streifendem Winkel [241].

Die mit dem isotropen Modell bestimmten Oszillatorparameter dienen als Eingangswerte für die xy- und z-Layer, was zu einer Verdoppelung der Anzahl der Fitparameter führt. Dadurch wird das Finden einer eindeutigen Lösung erschwert und es ist nötig, das Modell zu vereinfachen. Es wird angenommen, dass die in xy- und in z-Richtung beobachteten Übergänge gleicher Natur sind und sich nur ihre relativen Amplituden ändern. Im anisotropen Modell sind nur die Amplituden $A_{i,xy}$ und $A_{i,z}$ als Fitparameter definiert [240].

Im zweiten Schritt der Analyse wird das anisotrope Polymermodell mit dem isotropen Fullerenmodell in einer effektiven Mediumsnäherung (EMA) überlagert, um das anisotrope optische Modell des Mischsystems zu bilden. Es existiert eine Vielzahl von Theorien zur Beschreibung effektiver Medien, wie zum Beispiel nach Maxwell–Garnett oder Bruggemann [241, 247]. Für die in Abschnitt 7.4 untersuchten D:A-Mischsysteme lassen sich bereits mit einer "einfachen" linearen Überlagerung der dielektrischen Funktionen von Donator und Akzeptor sehr gute Fits erzielen. Die Verbesserung durch komplexe effektive Medien-Modelle ist nicht signifikant und würde vielmehr zu einer Überinterpretation der Daten führen.

7.4 Spektroskopische Ellipsometrie an Low-Bandgap Polymeren

Im Folgenden wird das im vorangegangenen Abschnitt beschriebene, zweistufige Verfahren zur Bestimmung (anisotroper) komplexer Brechungsindizes angewendet, um die anisotropen optischen Modelle zweier D:A-Mischsysteme zu bestimmen. Als Donatoren werden die beiden, strukturell ähnlichen Poly-

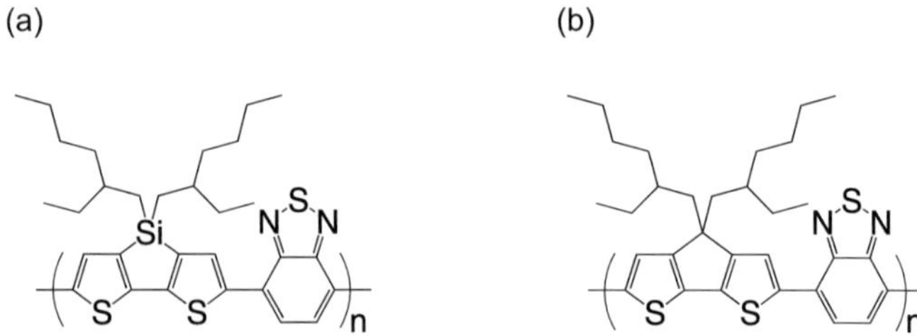

Abb. 7.4.1: Chemische Struktur von (a) PSBTBT und von (b) PCPDTBT.

mere PSBTBT und Poly[2,6-(4,4-bis(2-ethylhexyl)-4H-cyclopenta[2,1-b;3,4-b´´]dithiophen)-*alt*-4,7-(2,1,3-benzothiadiazol) (PCPDTBT) gewählt. Sie unterscheiden sich nur auf ihrer 5-Position, auf der sich beim PSBTBT ein Silizium- anstatt eines Kohlenstoffatoms befindet, siehe Abbildung 7.4.1. Durch das Siliziumatom wird die sterische Hinderung der raumfüllenden Alkyl-Seitengruppen reduziert, so dass die molekulare Packungsdichte erhöht wird [34]. Dennoch ist der spektrale Verlauf der beiden Absorptionsspektren vergleichbar. Die anisotropen komplexen Brechungsindizes von PSBTBT und PCPDTBT werden hinsichtlich der Morphologie der aktiven Schichten analysiert. Um auch die Eigenschaften der Mischsysteme vergleichen zu können, werden beide Polymere mit dem gleichen Akzeptor, nämlich $PC_{71}BM$, kombiniert. Die Abscheidung der Dünnfilme und die gewählten Mischungsverhältnisse entsprechen literaturbekannten Prozessprotokollen, so dass die direkte Anwendbarkeit der optischen Konstanten gewährleistet ist [111, 137, 170, 239].

Zuerst werden das Glassubstrat charakterisiert und die parametrisierten, isotropen optischen Modelle der Konstituenten $PC_{71}BM$, PSBTBT und PCPDTBT bestimmt. Auf Basis der isotropen Polymermodelle werden deren anisotrope Modelle entwickelt. Zur anisotropen Beschreibung der Blends $PSBTBT:PC_{71}BM$ und $PCPDTBT:PC_{71}BM$ werden das isotrope $PC_{71}BM$ Modell und die beiden anisotropen Polymermodelle als Eingangsparameter herangezogen. Neben den anisotropen komplexen Brechungsindizes werden die Volumenverhältnisse zwischen Donator und Akzeptor bestimmt. Die aus dem anisotropen optischen Modell von $PSBTBT:PC_{71}BM$ abgeleitete morphologische Interpretation wird mit dem Ergebnis einer komplementären GIXD-Untersuchungen verglichen.

7.4.1 Experimentelles

Die Beschichtung der gereinigten Glassubstrate erfolgte unter inerten Bedingungen. Dazu wurde $PC_{71}BM$ bei einer Konzentration von $60\,mg/ml$ in DCB gelöst, über Nacht bei $80\,°C$ gerührt und bei Raumtemperatur beschichtet. Durch Variation der Spincoatparameter wurden Schichtdicken zwischen $85\,nm$ und $120\,nm$ realisiert.

PSBTBT und PCPDTBT wurden beide in DCB bei einer Konzentration von $13\,mg/ml$ gelöst, über Nacht bei $70\,°C$ beziehungsweise $90\,°C$ gerührt und aus heißer Lösung auf heiße Substrate abgeschieden. Durch die Wahl der Spincoatparameter wurden für PSBTBT Schichtdicken zwischen $40\,nm$ und $60\,nm$ erzielt, für PCPDTBT zwischen $15\,nm$ und $30\,nm$.

Die Polymerkonzentration von $13\,mg/ml$ wurde für die Mischsysteme PSBTBT:$PC_{71}BM$ (1:2) und PCPDTBT:$PC_{71}BM$ (1:3.4) beibehalten. Deren Abscheidung erfolgte in gleicher Weise wie für die reinen Polymerfilme.

Die ellipsometrischen Parameter Ψ und Δ wurden mit dem in Kapitel 7.2.1 beschriebenen VASE-System zwischen $250\,nm$ und $2000\,nm$ ($PC_{71}BM$ bis $1000\,nm$) gemessen. Der Einfallswinkel wurde zwischen $30°$ und $80°$ in $5°$ Schritten und zwischen $55°$ und $65°$ in $1°$ Schritten variiert. Während in der Analyse alle Daten berücksichtigt wurden, wird in den folgenden Abbildungen aus Gründen der Übersichtlichkeit ein reduzierter Datensatz dargestellt, insbesondere werden die Daten für $\lambda > 1000\,nm$ ausgelassen, nur einige repräsentative Einfallswinkel dargestellt und es erfolgt eine Beschränkung auf die Messdaten einer einzelnen Probe der Multi-Sample-Analyse.

Zusätzlich wurde mit dem VASE-System für jede Probe die Transmission bei senkrechtem Einfall am gleichen Messfleck wie bei der Ellipsometrie bestimmt. Dadurch wird der Einfluss räumlicher Inhomogenitäten reduziert und es ist möglich, die Transmissionsdaten in die Ellipsometrie-Auswertung zu

Tab. 7.4.1: Extrahierte Fitparameter zur Beschreibung des Kalknatron-Glassubstrates mittels einer Cauchy-Dispersionsrelation mit Urbach-Ausläufer. $\varepsilon_{r,\infty}$ ist eine reellwertige Konstante, C_k wurde nicht als Fitparameter verwendet.

A_n [1]	B_n $[\mu m^2]$	C_n $[\mu m^4]$	A_k [1]	B_k $[eV^{-1}]$	C_k [eV]	$\varepsilon_{r,\infty}$ [1]
1.265	0.005	0	1.294×10^{-7}	4.842	3.1	0.653

integrieren. Als Substrate dienten gewöhnliche Objektträger aus Kalknatronglas[9].

Ergänzend dazu wurden mit einem Zwei-Strahl Spektrophotometer[10] Transmissionsspektren verdünnter Lösungen und dünner Filme auf Quarzglassubstraten aufgenommen. Die Messung mit dem Spektrophotometer erreicht eine höhere Signalqualität als die Transmissionsmessung des Ellipsometers. Allerdings ist es dabei unwahrscheinlich den gleichen Messfleck wie bei der Ellipsometriemessung zu finden. Aus diesem Grund kommen zwei unterschiedliche Verfahren zur Messung der Transmission zum Einsatz.

7.4.2 Modellentwicklung der Einzelmaterialien

7.4.2.1 Glassubstrat

Für alle ellipsometrischen Untersuchungen wurde Kalknatronglas als Substrat verwendet, für das zu Beginn ein optisches Modell entwickelt wurde. Bei einer Substratdicke von ungefähr 1 mm ist davon auszugehen, dass der Detektor zusätzlich Rückseitenreflexionen erfasst. Dies wird in der Analyse der Messdaten berücksichtigt.

Das Glassubstrat wird mit einer Cauchy-Dispersionsrelation mit Urbach-Ausläufer und einer Oberflächenrauigkeit von 1.3 nm beschrieben [251, 254]:

$$n(\lambda) = A_n + \frac{B_n}{\lambda^2} + \frac{C_n}{\lambda^4} + \cdots \tag{7.4.1}$$

---

[9]Carl Roth, Artikelnummer 0656.1, zugeschnitten auf $25 \times 25\,mm^2$.
[10]Perkin Elmer, Lambda 1050.

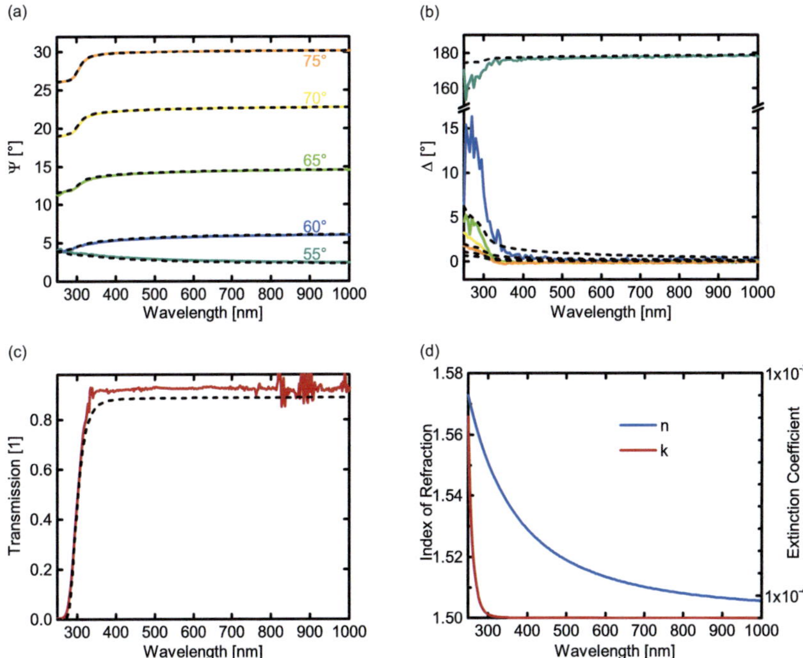

Abb. 7.4.2: Kalknatron-Glassubstrat. (a, b) Ellipsometrische Parameter für fünf verschiedene Einfallswinkel. Die Farbkodierung der Einfallswinkel in b) entspricht der Zuordnung in a). Farbige Linien kennzeichnen Messdaten, gestrichelte, schwarze Linien durch das optische Modell generierte Werte. (c) Gemessene und modellgenerierte Transmissionsdaten. (d) Optische Konstanten n und k.

$$k(\lambda) = A_\mathrm{k} e^{B_\mathrm{k}(E-C_\mathrm{k})}. \tag{7.4.2}$$

Dabei sind A_n, B_n, C_n und A_k, B_k, C_k die die Cauchy-Funktion beziehungsweise den Urbach-Ausläufer beschreibenden Parameter, siehe Tabelle 7.4.1. Die Messwerte und die abgeleiteten optischen Konstanten sind in Abbildung 7.4.2 gegeben. Für die folgenden Auswertungen werden die das Kalknatron-Glas beschreibenden Parameter konstant gehalten und die Oberflächenrauigkeit in Form einer Interface-Rauigkeit berücksichtigt.

7.4.2.2 PC$_{71}$BM

Im nächsten Schritt wurde das optische Modell für das PC$_{71}$BM entwickelt. Dazu wurden insgesamt sechs Proben unterschiedlicher Schichtdicken auf Glassubstraten abgeschieden. Die gemessenen ellipsometrischen Parameter aller Proben wurden bei der Multi-Sample-Analyse in ein gemeinsames optisches Modell integriert. In Abbildung 7.4.3a, b sind die Messwerte einer Probe exemplarisch dargestellt. Zusätzlich wurden mit dem UV/Vis-Spektrometer die in Abbildung 7.4.3c gezeigten Transmissionsspektren einer PC$_{71}$BM Verdünnungsserie und eines PC$_{71}$BM Dünnfilmes gemessen.

Von den in allen Spektren auftretenden charakteristischen Absorptionsmerkmalen wurden die Startwerte für den Fit der Schwerpunktenergien $E_\mathrm{i,input}$ der Gaußschen Oszillatoren (Gleichung 7.3.2) abgeleitet, siehe Tabelle 7.4.2. Basierend auf den neun identifizierten Übergängen wurde ein optisches Modell entwickelt, das aus neun Gaußschen Oszillatoren Gau$_\mathrm{i}$, einer Pole Function zur Beschreibung höherenergetischer Übergänge außerhalb des Ellipsometrie-Messbereiches und der reellwertigen Konstante $\varepsilon_\mathrm{r,\infty}$ besteht. Nachdem die Schichtdicken der Proben im transparenten Spektralbereich bestimmt wurden, begann ein abschnittsweiser Fit der Oszillatorparameter vom Infraroten hin zu höheren Energien und resultierte in den in Tabelle 7.4.2 gegebenen Parametern mit $MSE = 11.14$. Die gefitteten Schwerpunktenergien E_i zeigen nur eine geringe Abweichung von ihren Startwerten $E_\mathrm{i,input}$, was darauf hindeutet, dass die aus Abbildung 7.4.3c extrahierten Werte für $E_\mathrm{i,input}$ plausibel sind. Während in der Multi-Sample-Analyse die Messwerte aller sechs

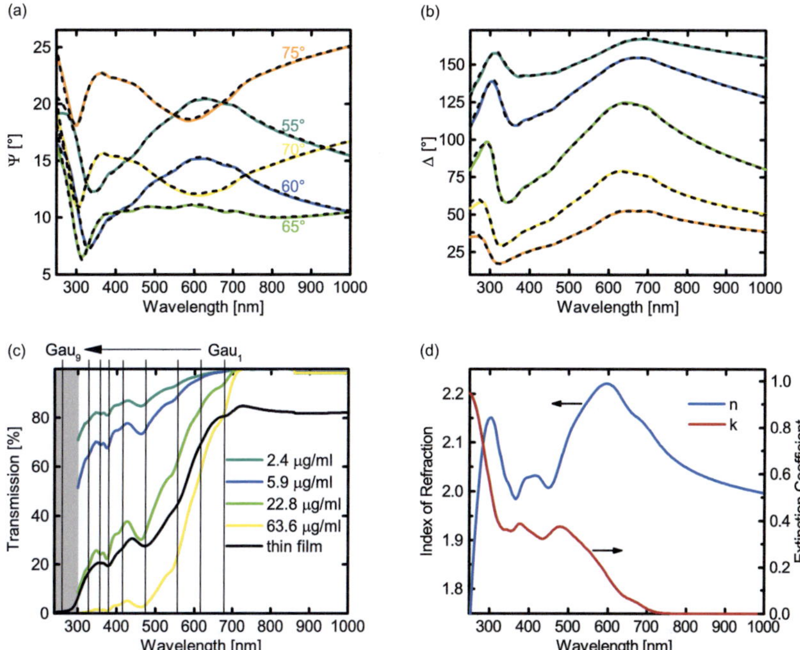

Abb. 7.4.3: (a, b) Ellipsometrische Messwerte gezeigt für fünf verschiedene Einfallswinkel eines 87 nm $PC_{71}BM$ Films, abgeschieden auf einem Kalknatron-Glassubstrat. Die Farbkodierung der Einfallswinkel in b) entspricht der Zuordnung in a). Farbige Linien kennzeichnen Messdaten, gestrichelte, schwarze Linien zeigen die durch das optische Modell generierten Werte. (c) Transmissionsspektren von $PC_{71}BM$ Lösungen unterschiedlicher Konzentrationen und eines Dünnfilms $PC_{71}BM$, abgeschieden auf einem bis 186 nm transparenten Quarzglassubstrat. In dem grau markierten Bereich absorbieren die Küvetten. Die Schwerpunktenergien E_i mit $i = 1\ldots 9$ der Absorptionsfeatures, bezeichnet mit Gau_i, wurden als Startwerte $E_{i,input}$ für die im optischen Modell verwendeten Gaußschen Oszillatoren verwendet. (d) Brechungsindex n und Extinktionskoeffizient k, bestimmt in einer Multi-Sample-Analyse.

Tab. 7.4.2: Aus den Transmissionsspektren in Abbildung 7.4.3c abgeleitete Startwerte $E_{i,\text{input}}$ für den Fit der Schwerpunktenergien der Gaußschen Oszillatoren. Das optische Modell (dielektrische Funktion) des $PC_{71}BM$ wird durch die Überlagerung von neun Gaußschen Oszillatoren Gau_i mit Schwerpunktenergie E_i, Amplitude A_i und Breite Br_i, einer Pole Function und der reellen Konstante $\varepsilon_{r,\infty} = 2.00\,\text{eV}$ gebildet. Siehe auch Kapitel 7.3.

Oszillator	$E_{i,\text{input}}$ [eV]	E_i [eV]	A_i [1]	Br_i [eV]
Gau_1	1.83	1.85	0.10	0.16
Gau_2	2.01	2.10	0.36	0.35
Gau_3	2.23	2.26	0.46	0.38
Gau_4	2.62	2.59	1.44	0.55
Gau_5	2.98	3.02	0.81	0.36
Gau_6	3.28	3.30	0.92	0.35
Gau_7	3.48	3.59	0.41	0.30
Gau_8	3.78	3.80	0.05	0.12
Gau_9	4.77	4.71	3.42	1.63
Pole	n/a	7.00	23.27	n/a

Tab. 7.4.3: Parameter des isotropen Modells zur Beschreibung von PSBTBT. Die Startwerte $E_{i,\text{input}}$ sind aus Abbildung 7.4.4c abgeleitet. Durch den Fit werden A_i und Br_i bestimmt und die Werte von E_i angepasst. Zusätzlich wird zur Beschreibung der dielektrischen Eigenschaften eine Pole Function und die Konstante $\varepsilon_{r,\infty} = 2.46\,\text{eV}$ verwendet.

Oszillator	$E_{i,\text{input}}$ [eV]	E_i [eV]	A_i [1]	Br_i [eV]
Gau$_1$	1.63	1.62	0.10	0.16
Gau$_2$	1.77	1.79	0.36	0.35
Gau$_3$	2.04	2.08	0.46	0.38
Gau$_4$	2.90	2.92	1.44	0.55
Gau$_5$	4.01	4.01	0.81	0.36
Gau$_6$	4.86	4.87	0.92	0.35
Pole	n/a	5.52	4.46	n/a

Proben gleichzeitig berücksichtigt werden, würde die Analyse einer einzelnen Probe zu deutlich niedrigeren *MSE* Werten führen. Dies ist hier jedoch nicht zielführend, da ein möglichst universell einsetzbares Modell entwickelt werden soll. Die modellgenerierten Werte von Ψ^{mod} und Δ^{mod} sind in Abbildung 7.4.3a, b dargestellt und die optischen Konstanten in Abbildung 7.4.3d.

Die mittels Profilometrie gemessenen Schichtdicken t_{stylus} befinden sich alle innerhalb des 90 % Konfidenzbereiches der durch die Ellipsometrie bestimmten Werte t_{SE}.

7.4.2.3 PSBTBT und PCPDTBT

Die an einem PSBTBT Film gemessenen Werte für Ψ und Δ sind in Abbildung 7.4.4a, b dargestellt. In Analogie zu dem für das PC$_{71}$BM beschriebene Vorgehen wurde das isotrope optische Modell für PSBTBT entwickelt. Dazu wurden Transmissionsspektren von unterschiedlich konzentrierten PSBTBT 1,2-Dichlorbenzol Lösungen und von einem dünnen PSBTBT Film aufgenommen, Abbildung 7.4.4c, und daraus durch Analyse der Absorptionsmerkmale die Startwerte für den Fit der Schwerpunktenergien $E_{i,\text{input}}$ der Gaußschen Os-

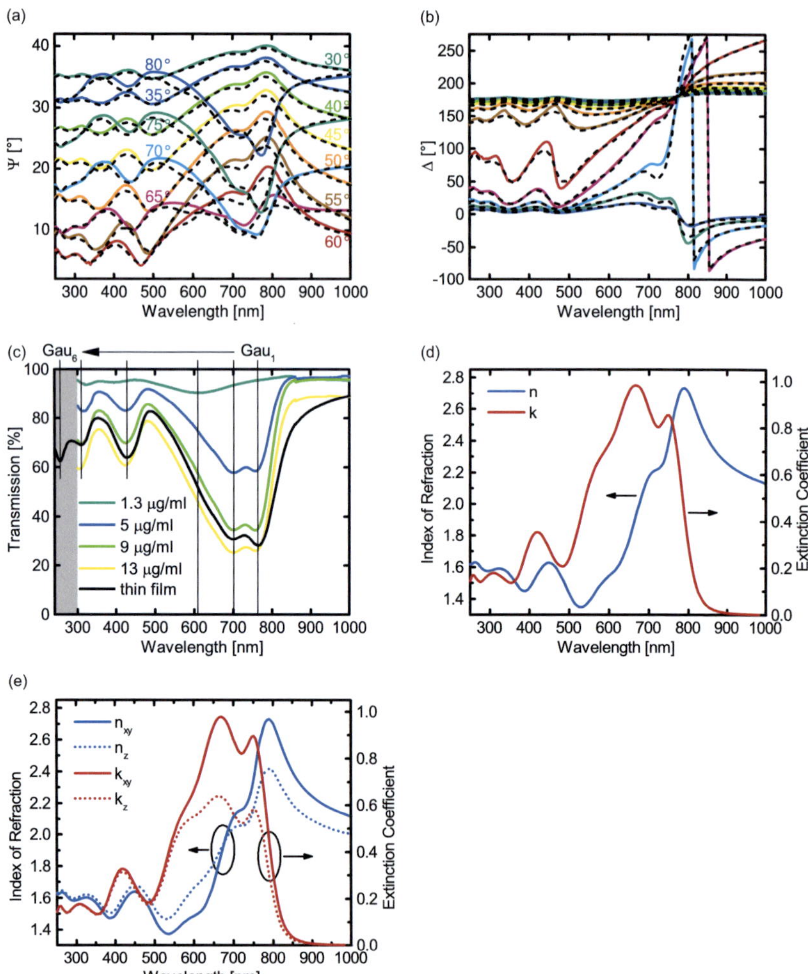

Abb. 7.4.4: (a, b) Ellipsometrische Messwerte eines auf Kalknatron-Glassubstrat abgeschiedenen PSBTBT Films. Farbige Linien kennzeichnen Messdaten, gestrichelte, schwarze Linien beschreiben Werte, die durch ein uniaxiales Modell generiert wurden. (c) Transmissionsspektren von PSBTBT Lösungen unterschiedlicher Konzentrationen und eines Dünnfilms auf Quarzglas. (d) Isotrope optische Konstanten. (e) Anisotrope optische Konstanten. In der uniaxialen Beschreibung bezeichnet der Index xy die In-plane Komponente, und z die Out-of-plane Komponente.

Tab. 7.4.4: Parameter des isotropen Modells zur Beschreibung von PCPDTBT. Die Startwerte $E_{i,input}$ sind aus Abbildung 7.4.5c abgeleitet. Die dielektrische Funktion wird durch die Parameter E_i, A_i und Br_i mit $i = 1 \ldots 6$, die Pole Function und $\varepsilon_{r,\infty} = 2.28\,\mathrm{eV}$ beschrieben. Gau_7 befindet sich knapp außerhalb des gewählten Messbereichs des Ellipsometers und wird daher nicht als Oszillatorterm, sondern durch die Pole Function berücksichtigt.

Oszillator	$E_{i,input}$ [eV]	E_i [eV]	A_i [1]	Br_i [eV]
Gau_1	1.66	1.66	1.21	0.21
Gau_2	1.81	1.84	1.42	0.34
Gau_3	2.06	2.17	1.00	0.57
Gau_4	2.98	3.06	0.72	0.62
Gau_5	3.80	3.89	0.16	1.75
Gau_6	4.34	4.34	0.15	2.20
Gau_7	4.98	n/a	n/a	n/a
Pole	n/a	5.83	5.28	n/a

zillatoren bestimmt. Zur Beschreibung des optischen Modells wurden sechs Oszillatorterme, eine Pole Function und die reelle Konstante $\varepsilon_{r,\infty} = 2.00\,\mathrm{eV}$ verwendet. Die Eingangsparameter $E_{i,input}$ und die durch den Fit bestimmten Parameter sind in Tabelle 7.4.3 gegeben, die entsprechenden isotropen optischen Konstanten sind in Abbildung 7.4.4c dargestellt.

PCPDTBT wurde in ähnlicher Weise analysiert. Die entsprechenden Daten sind in Abbildung 7.4.5 und Tabelle 7.4.4 zusammengefasst.

Beide Polymere wurden unabhängig voneinander analysiert. Dennoch sind ihre optischen Modelle ähnlich aufgebaut, was auf die hohe strukturelle Ähnlichkeit zurückzuführen ist. Ein Vergleich der isotropen optischen Konstanten zwischen Abbildung 7.4.4d und Abbildung 7.4.5d zeigt des Weiteren, dass die optische Dichte von PSBTBT höher als die von PCPDTBT ist. Dies kann entweder durch eine höhere intrinsische Absorption oder eine erhöhte Packungsdichte des PSBTBT erklärt werden [34].

Für beide Polymere wird angenommen, dass die Übergänge Gau_1 und Gau_2 den Absorptionen $0-0$ beziehungsweise $0-1$ entsprechen, während Gau_3 die

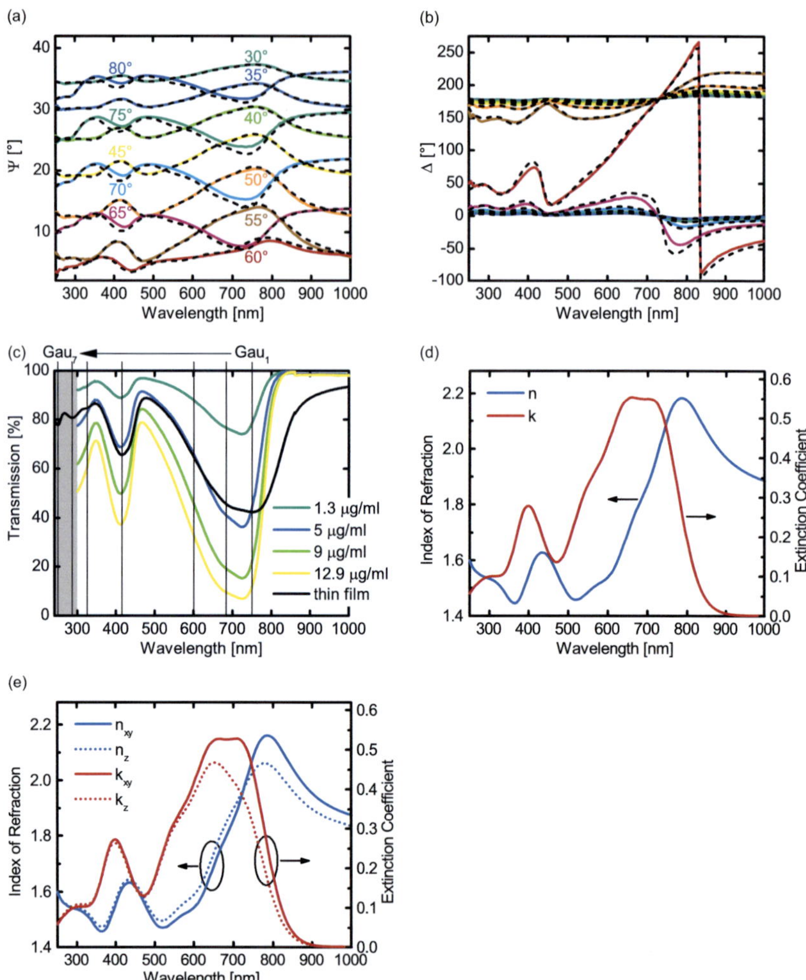

Abb. 7.4.5: (a, b) Ellipsometrische Messwerte eines auf Kalknatron-Glassubstrat abgeschiedenen PCPDTBT Films. Farbige Linien kennzeichnen Messdaten, gestrichelte, schwarze Linien beschreiben Werte, die durch ein uniaxiales Modell generiert wurden. (c) Transmissionsspektren von PCPDTBT Lösungen unterschiedlicher Konzentrationen und eines Dünnfilms auf Quarzglas. (d) Isotrope optische Konstanten. (e) Anisotrope optische Konstanten. In der uniaxialen Beschreibung bezeichnet der Index xy die In-plane Komponente, und z die Out-of-plane Komponente.

Beiträge höherer vibronischer Progressionen und einen amorphen Hintergrund beschreibt. Die Anregung Gau_4 kann vermutlich durch Übergänge unter Einbeziehung stärker lokalisierter Zustände erklärt werden [140].

Auf Basis der Parameter der isotropen Polymermodelle werden, wie in Kapitel 7.3 beschrieben, die uniaxial anisotropen optischen Modelle entwickelt. Die nach Durchführung des Fits erhaltenen, modellgenerierten Werte Ψ und Δ für PSBTBT sind in Abbildung 7.4.4a, b gezeigt, die anisotropen optischen Konstanten in Abbildung 7.4.4e, $MSE = 6.37$. Für PCPDTBT sind die entsprechenden Daten in Abbildung 7.4.5a, b, e gezeigt, $MSE = 7.51$. Beide Polymere besitzen im Bereich des $\pi \rightarrow \pi^*$ Übergangs eine ausgeprägte Anisotropie.

7.4.3 Mischsysteme

Die an den Mischsystemen PSBTBT:PC_{71}BM und PCPDTBT:PC_{71}BM gemessenen Werte für Ψ und Δ sind in Abbildung 7.4.6a, c beziehungsweise in Abbildung 7.4.6b, d dargestellt. Die optischen Eigenschaften der Mischsysteme werden, wie bereits in Kapitel 7.3 beschrieben, mit einer EMA modelliert. Dabei werden die parametrisierten optischen Modelle der Konstituenten linear überlagert. Außerdem ist aus Kapitel 7.4.2.3 bekannt, dass die reinen Polymere eine uniaxiale Anisotropie aufweisen. Folglich werden die Mischsysteme ebenfalls mit uniaxialen optischen Modellen beschrieben. Als Startwerte dienen die in den Tabellen 7.4.2, 7.4.3 und 7.4.4 gegebenen Parameter.

Nach Bestimmung der Schichtdicken in den transparenten Spektralbereichen wird das Volumenverhältnis von Polymer zu PC_{71}BM gefittet. Die in Tabelle 7.4.5 gegebenen Volumenverhältnisse zeigen eine exzellente Übereinstimmung mit den aus den Materialdichten bestimmten Verhältnissen [114, 115, 255]. Folglich können durch die Ellipsometrie und den EMA-Ansatz relative Dichten kleinster Materialmengen bestimmt werden. Da in den D:A Blends eine überschaubare Anzahl Fullerenakzeptoren Verwendung finden, deren Dichten meistens bekannt sind, ist es möglich, die absolute Dichte des Donatormaterials zu bestimmen. Absolute Materialdichten sind ein wich-

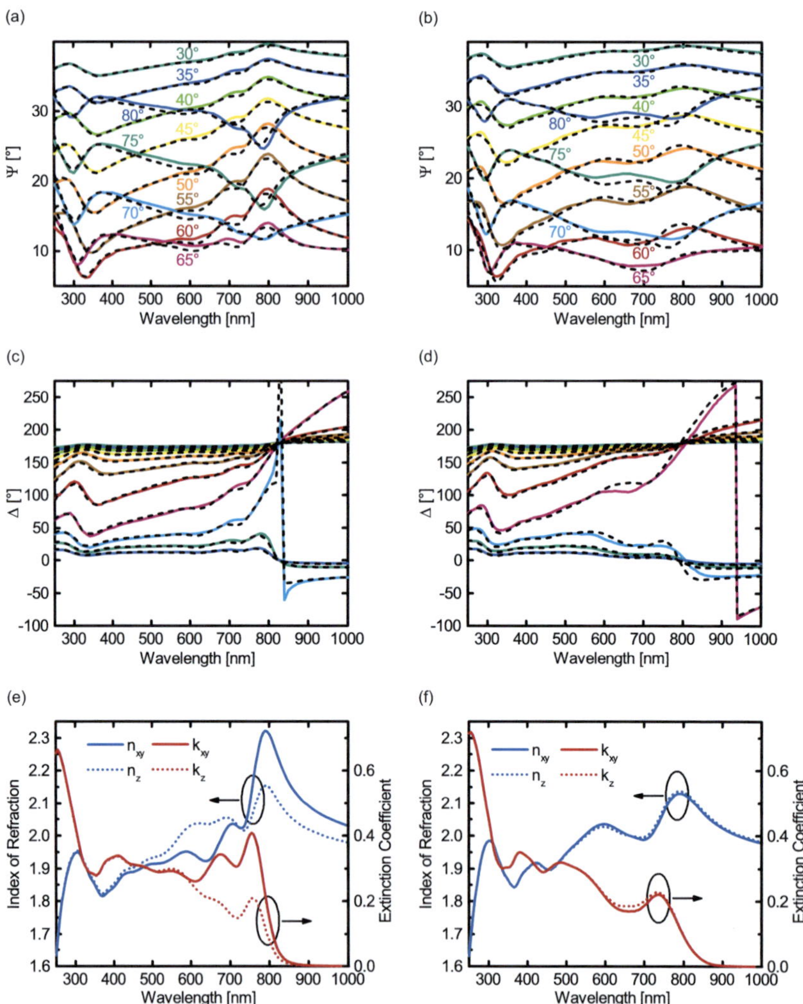

Abb. 7.4.6: Ellipsometrische Parameter Ψ und Δ von (a, c) einem typischen PSBTBT:PC_{71}BM Film (1:2) und (b, d) einem PCPDTBT:PC_{71}BM Film (1:3.4). Farbige Linien kennzeichnen Messdaten, gestrichelte, schwarze Linien entsprechen Werten, die durch ein uniaxiales Modell in einer Multi-Sample-Analyse generiert wurden. Uniaxial anisotrope optische Konstanten von (e) PSBTBT:PC_{71}BM und (f) PCPDTBT:PC_{71}BM.

Tab. 7.4.5: Mit den Materialdichten $\rho_{PC_{71}BM} = 1.52\,g/cm^3$, $\rho_{PSBTBT} = 1.17\,g/cm^3$ und $\rho_{PCPDTBT} = 1.10\,g/cm^3$, die in der Gruppe von Dadmun et al. durch Helium Pyknometrie bestimmt wurden, werden über die bekannten Massenverhältnisse die Volumenverhältnisse bestimmt [114, 115, 255]. Diese Volumenverhältnisse stimmen exzellent mit den durch Ellipsometrie bestimmten Verhältnissen überein. Wenn die Dichte einer Komponente bekannt ist, typischerweise des Fullerens, kann die absolute Dichte des zweiten Materials bestimmt werden.

Verhältnis	Masse	Volumen	Volumen
Methode	Wiegen	Pyknometrie	Ellipsometrie
PSBTBT:PC$_{71}$BM	1 : 2.0	39.4 : 60.6	39.2 : 60.8
PCPDTBT:PC$_{71}$BM	1 : 3.4	28.9 : 71.1	29.0 : 71.0

tiger, aber selten verfügbarer Eingangsparameter, wie zum Beispiel für die Berechnung des mittleren quadratischen Streuwinkels $\overline{\theta_B^2}$ in Kapitel 3.4.2.

Im nächsten Schritt der Auswertung wurde untersucht, ob die Anisotropie der Polymere unter Hinzugabe von PC$_{71}$BM erhalten bleibt. Dazu wurden die Amplituden, der die Polymere beschreibenden Oszillatoren, gefittet. Die resultierenden optischen Konstanten sind in Abbildung 7.4.6e für PSBTBT:PC$_{71}$BM (1:2) und in Abbildung 7.4.6f für PCPDTBT:PC$_{71}$BM (1:3.4) gegeben. Mit beiden Fits werden die Messdaten präzise beschrieben, die *MSE*s betragen 3.90 und 4.64. Interessanterweise haben sich während des Fits nur die Oszillatoren Gau$_1$ bis Gau$_3$ merklich geändert.

Es sei darauf hingewiesen, dass der hier gewählte Ansatz zur optischen Modellierung davon profitiert, dass die Wechselwirkung zwischen Donator- und Akzeptor-Komponente gering ist und dass Fulleren und Polymer nur einen geringen spektralen Überlapp besitzen. Glücklicherweise trifft das jedoch für die meisten D:A Systeme zu [256].

Außerdem wäre es erstrebenswert, eine "physikalischere" Beschreibung in das optische Modell zu implementieren, in der Schwerpunktenergie, Amplitude und Breite der Oszillatoren miteinander verknüpft sind [257]. Solch ein hochentwickeltes Modell ist bis zum jetzigen Zeitpunkt nur für P3HT, nicht für die Low-Bandgap Polymere verfügbar, siehe Kapitel 2.1.2.2 [33, 35]. Daher erscheint es sinnvoll, den hier vorgestellten Ansatz zur

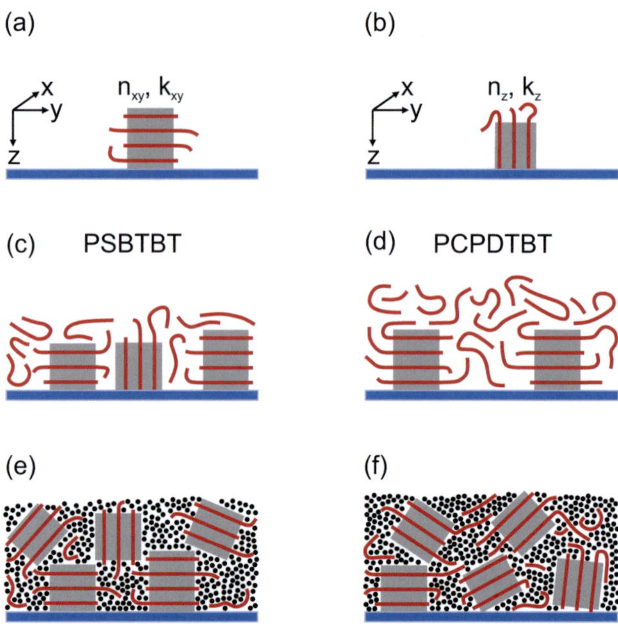

Abb. 7.4.7: (a) Die optischen Konstanten n_{xy} und k_{xy} beschreiben die Licht-Polymer-Wechselwirkung für Polymere mit parallel zum Substrat orientierten Backbones. (b) Die optischen Kontanten n_z und k_z beschreiben die Wechselwirkung für Polymere mit senkrecht zum Substrat orientierten Backbones. Schematische Darstellung von (c) reinem PSBTBT, (d) reinem PCPDTBT, (e) PSBTBT:PC$_{71}$BM und (f) PCPDTBT:PC$_{71}$BM. Schwarze Punkte repräsentieren PC$_{71}$BM.

phänomenologischen Bestimmung der Schwerpunktenergien in Kombination mit einer robusten Multi-Sample-Analyse weiter zu verfolgen.

7.4.4 Morphologische Interpretation

Zunächst werden die uniaxial anisotropen Brechungsindizes der beiden Einzelmaterialien PSBTBT und PCPDTBT analysiert. Dabei wird sich zu nutze gemacht, dass die $\pi \rightarrow \pi^*$ Anregung, durch Gau$_1$ bis Gau$_3$ beschrieben, durch ein parallel zum Backbone des Polymers oszillierendes elektrisches Feld erfolgt und die Anregung daher zur Untersuchung der räumlichen Ausrichtung des Polymers genutzt werden kann [258, 259]. Die In-plane optischen Konstanten n_{xy} und k_{xy} beschreiben eine Licht-Polymer-Wechselwirkung für Polymere, deren Backbones parallel zum Substrat orientiert sind, siehe Abbildung 7.4.7a, wie es für Edge-on und Face-on orientierte Polymere der Fall ist. Die Out-of-plane Komponenten n_z und k_z beschreiben die Wechselwirkung mit Polymeren, deren Backbone senkrecht zum Substrat orientiert ist, siehe Abbildung 7.4.7b.

Der Extinktionskoeffizient von PSBTBT spaltet zwischen 540 nm und 800 nm in eine xy- und eine z-Komponente auf, Abbildung 7.4.4e. Zu kürzeren Wellenlängen wird keine Aufspaltung beobachtet. Dies deutet darauf hin, dass es sich bei Gau_4 bis Gau_6 um einen anderen Typ Anregung als im Bereich der Aufspaltung handelt. Die Schulter bei 760 nm (Gau_1) wird, in Analogie zur Literatur, durch Polymeraggregation erklärt [34]. Folglich existieren sowohl liegende als auch stehende Aggregate. Da jedoch im Bereich der Aufspaltung die k_{xy} Komponente deutlicher ausgeprägt ist als k_z, ist davon auszugehen, dass Polymer-Aggregate mit In-plane orientierten Backbones überwiegen, siehe schematische Darstellung in Abbildung 7.4.7c.

Für PCPDTBT teilt sich der xy- und z-Extinktionskoeffizient ebenfalls im Bereich der $\pi \rightarrow \pi^*$ Anregung auf und zeigt für kurze Wellenlängen ein isotropes Verhalten, siehe Abbildung 7.4.5e. Die niederenergetische Schulter, die in der k_{xy} Komponente deutlich vorhanden ist, ist in k_z nahezu verschwunden. In Analogie zu PSBTBT wird sie durch parallel zum Substrat orientierte Backbones aggregierter Polymere erklärt. Die Interpretation des spektralen Verlaufs von k_z ist jedoch nicht eindeutig. Der Beitrag k_z kann entweder durch stehende, amorphe Polymere oder durch einen isotropen Hintergrund, der dann auch in k_{xy} vorhanden wäre, erklärt werden, siehe Abbildung 7.4.7d. Um dies abschließend zu klären, müssen komplementäre Messmethoden genutzt werden.

Die morphologische Analyse der Mischsysteme PSBTBT:PC$_{71}$BM und PCPDTBT:PC$_{71}$BM beruht ebenfalls auf der Interpretation des spektralen Verlaufs der Oszillatoren Gau_1 bis Gau_3. PSBTBT:PC$_{71}$BM besitzt eine ausgeprägte uniaxiale Anisotropie, Abbildung 7.4.6e. Die xy- und z-Komponente des Extinktionskoeffizienten weisen bei 760 nm eine schulterartige Struktur auf, wobei die xy-Komponente stärker ausgeprägt ist. Es wird geschlussfolgert, dass, ähnlich dem reinen PSBTBT, die meisten Backbones parallel zur Substratoberfläche orientiert sind und dass das Polymer Aggregate bildet, siehe Abbildung 7.4.7e.

Bei PCPDTBT:PC$_{71}$BM unterscheiden sich die xy- und z-Komponenten des Extinktionskoeffizienten nahezu nicht, siehe Abbildung 7.4.6f. Die in beiden Komponenten vorhandene niederenergetische Schulter wird durch isotrop orientierte PCPDTBT-Aggregate erklärt, siehe Abbildung 7.4.7f. Die Schulter ist im Blend stärker ausgeprägt als im reinen Polymer, was auf einen höheren Aggregationsgrad hinweist.

Der direkte Vergleich von PSBTBT:PC$_{71}$BM und PCPDTBT:PC$_{71}$BM zeigt, dass in PSBTBT:PC$_{71}$BM Mischsystemen die In-plane Ausrichtung der Backbones ausgeprägter als in PCPDTBT:PC$_{71}$BM ist. Dies kann entweder durch eine stärkere Polymer-Substrat Wechselwirkung oder die unterschiedliche PC$_{71}$BM-Beladung der beiden Systeme erklärt werden.

Zur Verifizierung der aus der Ellipsometrie abgeleiteten morphologischen Interpretation wird ein Vergleich mit den Ergebnissen einer komplementären GIXD Analyse durchgeführt, siehe Abbildung 7.4.8. Mittels *in-situ* 2D GIXD wurde während der Trocknung eines PSBTBT:PC$_{71}$BM Films die sich entwickelnde Morphologie zeitaufgelöst analysiert [170]. Während der Filmtrocknung beginnt an einer der Grenzschichten (Substrat/Film oder Film/Luft) ein gerichtetes Kristallwachstum ($t = 90\,$s, (100) und (200) in Out-of-plane Richtung), gleichzeitig bilden sich im Bulk isotrop orientierte Kristallite (Halbkreis um (100)). Daher werden im Trockenfilm ($t = 216\,$s) Edge-On und Face-On orientierte Kristallite[11] zusammen mit isotrop orientierten Kristalliten beobachtet. Die aus der GIXD abgeleitete Schlussfolgerung deckt sich vollständig mit dem Ergebnis der Analyse der anisotropen optischen Konstanten, vergleiche hierzu Abbildung 7.4.7e.

---

[11]Beide Orientierungen entsprechen einem In-plane orientierten Polymer Backbone.

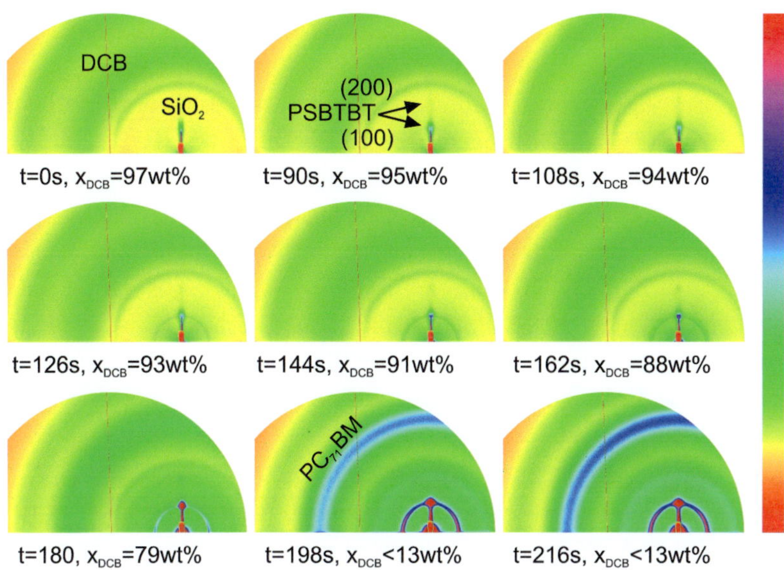

Abb. 7.4.8: Zeitaufgelöste *in-situ* 2D GIXD während der Trocknung eines PSBTBT:PC$_{71}$BM Films. Beschichtung durch Rakeln auf einem Silizium-Substrat bei 40 °C. Unter jedem Bild ist die Trocknungszeit und der Lösungsmittelanteil angegeben. Während das erste Bild den frisch beschichteten Nassfilm zeigt, sind nach 90 s erste Anzeichen für eine Kristallisation des PSBTBT zu erkennen. Die Folgebilder zeigen das Fortschreiten der Filmtrocknung und die Entwicklung der Kristallisation. Modifizierte Abbildung aus [170]. Mit freundlicher Genehmigung der American Chemical Society, Copyright 2012.

7.5 Schlussbemerkung

In diesem Kapitel wird ein zweistufiges Verfahren zur Analyse ellipsometrischer Messdaten beliebiger Polymer:Fulleren Mischsysteme beschrieben. Durch die parametrisierte optische Modellierung der Konstituenten ist eine Anpassung an variierende Herstellungsparameter möglich. Das Verfahren wird zur Bestimmung der anisotropen komplexen Brechungsindizes der Materialsysteme PSBTBT:PC$_{71}$BM und PCPDTBT:PC$_{71}$BM angewendet. Die dabei zum Einsatz kommende effektive Mediumsnäherung ermöglicht es, die Dichteverhältnisse der Konstituenten zu bestimmen. Da die Dichten der Fullerene oftmals bekannt sind, lässt sich auf die absolute Dichte der Polymere schließen. Die Bestimmung von Dichteverhältnissen von D:A Systemen ist eine erweiterte Anwendung der Ellipsometrie und es ist damit prinzipiell möglich, die Probe ortsaufgelöst zu untersuchen.

Des Weiteren wurde gezeigt, dass die morphologische Analyse ellipsometrischer Messdaten der GIXD vergleichbare Interpretationen ermöglicht. Es ist hervorzuheben, dass das in der Ellipsometrie analysierte Signal, anders als bei der GIXD, nicht durch Streuung an kristallinen Strukturen entsteht. Folglich ist es möglich, amorphe Materialsysteme zu untersuchen. Es ist davon auszugehen, dass sich der Einsatzbereich der Ellipsometrie zukünftig ausweiten wird, da viele der hocheffizienten Solarzellenmaterialien einen geringen Grad an Kristallinität aufweisen.

In Hinblick auf eine zukünftige Anwendung sei erwähnt, dass sich mit einem CCD (*Charge-coupled Device*) basierten Ellipsometer eine Vielzahl unterschiedlicher Parameter während des Herstellungsprozesses organischer Solarzellen in Echtzeit überwachen lässt.

8 Zusammenfassung und Ausblick

8.1 Zusammenfassung der Ergebnisse

Der Schwerpunkt dieser Arbeit lag auf der Entwicklung von Techniken zur Charakterisierung aktiver Schichten organischer Solarzellen, die da sind:

Messsystem Externe Quanteneffizienz. Bei der Quanteneffizienzmessung wird die Effizienz bestimmt, mit der einfallendes Licht einer definierten Wellenlänge zur Stromgeneration der Solarzelle beiträgt, es werden also die optischen mit den elektrischen Eigenschaften der Solarzelle korreliert. Durch den Vergleich mit der Absorption kann der Strombeitrag von Donator und Akzeptor spektral aufgelöst werden, beziehungsweise der Beitrag der einzelnen optischen Übergänge untersucht werden. Mit dem Messsystem wurden unterschiedlichste Bauteile untersucht, unter anderem organische Polymer:Fulleren Solarzellen, Carbon Nanotube Silizium Solarzellen, organische Photodioden und hybride Tandemsolarzellen.

Spektroskopische Ellipsometrie. Es wurde ein allgemein anwendbares zweistufiges Verfahren zur Bestimmung der parametrisierten dielektrischen Funktion der BHJ entwickelt. Durch die Analyse der anisotropen optischen Konstanten kann unter anderem die räumliche Orientierung von reinen Polymeren und von Polymer:Fulleren-Filmen bestimmt werden.

Diese neuen Methoden wurden in Kombination mit etablierten Messtechniken zur Analyse der Morphologie verschiedener Materialsysteme, teils in Abhängigkeit von der gewählten Prozessierung, eingesetzt:

Thermische Behandlung. Am Beispiel des Materialsystems P3HS:PC$_{61}$BM wurde der Einfluss von Beschichtungstemperatur und thermischer

Nachbehandlung auf die sich ausbildende Morphologie, die optischen und die elektrischen Eigenschaften untersucht. Dazu wurden die Ergebnisse dreier unterschiedlicher Charakterisierungsmethoden korreliert. Mittels quantitativer Bildanalyse wurden aus Low-keV HAADF STEM Abbildungen die dominierenden Strukturgrößen bestimmt. Dabei wurden drei Entwicklungsstufen der Morphologie identifiziert. Bei einer Beschichtungstemperatur von 90 °C sind keine kleinskaligen Strukturen zu identifizieren, bei einer Erhöhung der Beschichtungstemperatur auf 100 °C bilden sich erste Wachstumskeime und nach dem Ausheizen weisen beide Filme ausgeprägte nadelartige Strukturen auf. Diese Nadeln mit einem Durchmesser von circa 15 nm und einer Länge von 50 − 100 nm bilden eine geeignete Donatorphase. Ihr Durchmesser entspricht dem idealen Domänen-Durchmesser für eine effektive Exzitonen-Dissoziation und auf Grund ihrer Länge ist anzunehmen, dass sie effiziente Perkolationspfade durch die aktive Schicht bilden. Die quantitative Analyse der optischen Eigenschaften der Filme ergibt, dass mit der Nadelbildung eine Zunahme der intramolekularen Ordnung einhergeht. Mit der veränderten Morphologie lassen sich die elektrischen Eigenschaften der Solarzelle erklären. Die Aggregation der Polymere während des Ausheizens bewirkt eine Zunahme der Absorption niederenergetischer Photonen, folglich steigt der Kurzschlussstrom. Gleichzeitig erhöht sich das Polymer-Homo-Niveau und die Leerlaufspannung sinkt. Durch die P3HS-Kristallisation erhöht sich außerdem die Lochmobilität, worauf der verbesserte Füllfaktor zurückzuführen ist. In Summe gleichen die Erhöhungen die reduzierte Leerlaufspannung mehr als aus und die Effizienz steigt um bis zu 700 %. Die aufgezeigten Korrelationen sind grundlegender Natur und können zur Untersuchung ähnlicher Materialsysteme herangezogen werden.

Einfluss von Additiven. Es wird die Verwendung des Prozessadditivs DIO für die Herstellung von Solarzellen aus PCDTPBt:PC$_{71}$BM untersucht. PCDTPBt ist ein in dieser Arbeit erstmalig verwendetes Copolymer, das aus einer Poly(2,7-Carbazol) Donatoreinheit, einem Thiophen-

Spacer und einer 2-Phenyl-2*H*-Benzotriazol Akzeptoreinheit mit einem Octyldodecyloxy-Substituenten besteht. In Solarzellen wird durch die Zugabe einer geringen Menge DIO zum primären Lösemittel DCB der Füllfaktor auf beachtliche 70 % gesteigert, der Strom nimmt um 56% zu und dadurch erhöht sich die Effizienz um 84 % auf $\eta = 4.6\,\%$. Der Grund hierfür wird in einer umfassenden Studie, die die Methoden GIXD, Low-keV HAADF STEM, EQE und UV/Vis Spektroskopie kombiniert, untersucht. Die GIXD ergibt, dass das Polymer dichter stapelt als strukturell ähnliche Polymere und dass es sich Face-On zum Substrat ausrichtet. Beides sind ideale Voraussetzungen für eine hohe vertikale Lochmobilität, die wiederum einen hohen Füllfaktor begünstigt. Jedoch stellt sich dieser hohe Füllfaktor erst dann ein, wenn zur DCB-Lösung eine geringe Menge des Additivs DIO hinzugegeben wird. Die Elektronenmikroskopie zeigt, dass die Zugabe von DIO zu einer feineren Struktur der BHJ führt und die durchschnittliche Domänengröße abnimmt. Durch Korrelation der Elektronenmikroskopie und der UV/Vis-Spektroskopie wird geschlussfolgert, dass durch die Zugabe von DIO die Durchmischung der Phasen reduziert wird und sich kleinere, reinere Domänen bilden. Dies hat zur Folge, dass sich die Grenzfläche zwischen Polymer und Fulleren vergrößert, mehr Exzitonen dissoziiert werden können und dass in den reineren Polymer-Phasen die Rekombination reduziert wird. Damit lassen sich die erhöhte Kurzschlussstromdichte und der erhöhte Füllfaktor vollständig erklären.

Ellipsometrie an LBGs. Der anisotrope komplexe Brechungsindex der beiden Materialsysteme PSBTBT:PC$_{71}$BM und PCPDTBT:PC$_{71}$BM wurde unter Anwendung der im Rahmen dieser Arbeit entwickelten Auswerteroutine bestimmt. Dazu wurden zuerst die Einzelsysteme isotrop modelliert und daraus für die beiden Polymere anisotrope optische Beschreibungen entwickelt. Basierend auf diesen Modellen wurden mit einer EMA die anisotropen optischen Modelle der Blends bestimmt. Die Messwerte der Ellipsometrie und die modellgenerierten Daten zeigen eine gute Übereinstimmung. Darüber hinaus wird gezeigt, dass die Materialdichteverhältnisse präzise bestimmt werden können. Durch Auswertung der anisotropen Extinktionskoeffizienten der Polymere und deren Mischsysteme wird auf den Grad der Aggregation und deren bevorzugte Ausrichtung geschlossen. Für PSBTBT:$PC_{71}BM$ stehen komplementäre GIXD Daten zur Verfügung, die mit den Ergebnissen der Ellipsometrie verglichen werden. Beide Methoden führen zu einem ähnlichen morphologischen Bild. Der große Vorteil der Ellipsometrie gegenüber den beugungsbasierten Röntgenstrukturanalysen ist, dass damit amorphe Materialsysteme untersucht werden können. Es ist davon auszugehen, dass sich der Einsatzbereich der Ellipsometrie zukünftig weiter ausweiten wird, da viele der hocheffizienten Solarzellenmaterialien einen geringen Grad an Kristallinität aufweisen. Insbesondere ist abzusehen, dass Ellipsometer zukünftig zur Echtzeitüberwachung der Produktion organischer Solarzellen eingesetzt werden.

In dieser Arbeit wurde gezeigt, dass die Kontrolle der Morphologie der aktiven Schichten einen wichtigen Baustein auf dem Weg zum Erreichen hoher Effizienzen für organische Solarzellen darstellt.

8.2 Ausblick

Das Morphologieverständnis ist einem ständigen Wandel unterworfen. Mit dem Aufkommen neuer Materialien und neuer Analysemethoden verschiebt sich die Relevanz der verschiedenen strukturellen Parameter. Lag der Fokus zu Beginn auf der Untersuchung der kristallinen Eigenschaften mittels Röntgenstrukturanalyse, wurde in den Folgejahren verstärkt die vertikale Phasenseparation untersucht, bevorzugt mit Neutronen-Reflektivität, so liegt der Schwerpunkt bei neuesten Arbeiten auf der Untersuchung der molekularen Mischbarkeit.

Ein bisher selten betrachteter Aspekt ist die Langzeitstabilität der Morphologie und wie sich die im Labor bewährten Prozesse zur Morphologieoptimierung in einem industriellen Produktionsprozess umsetzen lassen. Derzeit wird die Morphologieentwicklung primär durch die Art der Prozessierung gesteuert. Meine persönliche Einschätzung ist jedoch, dass eine chemische Modifikation der Konstituenten den zuverlässigeren Ansatz darstellen würde. Dies scheitert derzeit noch daran, dass Morphologieuntersuchungen primär in den Materialwissenschaften erfolgen und die interdisziplinäre Verknüpfung mit der Chemie an dieser Stelle noch ausbaufähig ist.

Basierend auf dem in dieser Arbeit entwickelten Verständnis für Morphologie und Struktur-Eigenschafts-Beziehungen soll abschließend der Versuch unternommen werden, die Eigenschaften eines idealen Polymers zu spezifizieren: Essentiell wichtig ist eine hohe vertikale Mobilität. Diese kann entweder durch eine entlang der z-Richtung verlaufende Konjugation oder ein effizientes vertikales $\pi - \pi$ Stacking erreicht werden. Gleichzeitig soll das optische Übergangsdipolmoment parallel zur xy-Ebene orientiert sein, so dass senkrecht einfallende Strahlung effizient absorbiert wird. Darüber hinaus soll die Mischbarkeit zwischen Polymer und Fulleren so eingestellt sein, dass sich eine ausreichende Phasenseparation einstellen kann. Idealerweise bilden sich reine, elongierte Polymerphasen als Perkolationspfade, die von einem amorphen Netzwerk umgeben sind, in dem Exzitonen effizient dissoziiert werden können.

Wenn es gelingt, die Effizienzen organischer Solarzellen weiterhin zu erhöhen und eine ausreichende Langzeitstabilität der Bauteile zu erreichen, wird es spannend zu beobachten, ob und wie sich die organische Photovoltaik am Markt etablieren kann. Die konkurrierenden Technologien sind nicht nur die anorganischen Dünnschichtsolarzellen, sondern auch die ausgereifte Siliziumtechnologie, die auf Grund optimierter Produktionsverfahren derzeit einen massiven Preisverfall erlebt. Jedoch stimmt die kontinuierliche Erhöhung der Effizienzen organischer Solarzellen hoffnungsvoll – dies ist derzeit bei keiner anderen Solarzellentechnologie zu beobachten. Wenn es weiterhin gelingt, eine kostengünstige Produktion zu realisieren, gibt es viele Gründe, die dafür sprechen, dass die organische Photovoltaik mittelfristig eine ernstzunehmende Konkurrenz zu den etablierten Photovoltaiktechnologien darstellt.

Literaturverzeichnis

[1] *World Energy Outlook 2012*; International Energy Agency, 2012.

[2] *Shell New Lens Scenarios*; Shell International BV, 2013.

[3] Vahlenkamp, T.; Tryggestad, C.; Roelofsen, O.; Leger, S.; Gohl, M.; *Global energy's uncertain future - McKinsey Global Energy Perspective*; online; 2012.

[4] *The Future We Want: Outcome document adopted at Rio+20*; United Nations, 2012.

[5] *UNEP Year Book 2013 - Emerging Issues in Our Global Environment*; United Nations Environment Programme (UNEP), 2013; ISBN 978-92-807-3284-9.

[6] Colsmann, A.; Puetz, A.; Bauer, A.; Hanisch, J.; Ahlswede, E.; Lemmer, U. *Advanced Energy Materials* **2011**, *1*, 599–603.

[7] Czolk, J.; Puetz, A.; Kutsarov, D.; Reinhard, M.; Lemmer, U.; Colsmann, A. *Advanced Energy Materials* **2012**, *3*, 386–390.

[8] Søndergaard, R.; Hösel, M.; Angmo, D.; Larsen-Olsen, T. T.; Krebs, F. C. *Materials Today* **2012**, *15*, 36–49.

[9] ThyssenKrupp; *Organische Photovoltaik auf Stahl: ThyssenKrupp Steel Europe und Solliance forschen an Einsatzmöglichkeiten für die neue Generation von Solarzellen*; Pressemitteilung; 2012.

[10] Lizin, S.; Leroy, J.; Delvenne, C.; Dijk, M.; Schepper, E. D.; Passel, S. V. *Renewable Energy* **2013**, *57*, 5–11.

[11] Angerer, G.; Erdmann, L.; Marscheider-Weidemann, F.; Scharp, M.; Lüllmann, A.; Handke, V.; Marwede, M. *Rohstoffe für Zukunftstechnologien –Einfluss des branchenspezifischen Rohstoffbedarfs in rohstoffintensiven Zukunftstechnologien auf die zukünftige Rohstoffnachfrage*; Fraunhofer ISI, Ed.; Fraunhofer IRB, 2009.

[12] Medford, A. J.; Lilliedal, M. R.; Jørgensen, M.; Aarø, D.; Pakalski, H.; Fyenbo, J.; Krebs, F. C. *Opt. Express* **2010**, *18*, A272–A285.

[13] Reese, M. O.; Nardes, A. M.; Rupert, B. L.; Larsen, R. E.; Olson, D. C.; Lloyd, M. T.; Shaheen, S. E.; Ginley, D. S.; Rumbles, G.; Kopidakis, N. *Advanced Functional Materials* **2010**, *20*, 3476–3483.

[14] Grossiord, N.; Kroon, J. M.; Andriessen, R.; Blom, P. W. M. *Organic Electronics* **2012**, *13*, 432–456.

[15] Gholamkhass, B.; Kiasari, N. M.; Servati, P. *Organic Electronics* **2012**, *13*, 945–953.

[16] He, Z.; Zhong, C.; Su, S.; Xu, M.; Wu, H.; Cao, Y. *Nature Photonics* **2012**, *6*, 591–595.

[17] Jørgensen, M.; Norrman, K.; Gevorgyan, S. A.; Tromholt, T.; Andreasen, B.; Krebs, F. C. *Advanced Materials* **2012**, *24*, 580–612.

[18] Green, M. A.; Emery, K.; King, D. L.; Hishikawa, Y.; Warta, W. *Progress in Photovoltaics: Research and Applications* **2006**, *14*, 455–461.

[19] Green, M. A.; Emery, K.; Hisikawa, Y.; Warta, W. *Progress in Photovoltaics: Research and Applications* **2007**, *15*, 425–430.

[20] Green, M. A.; Emery, K.; Hishikawa, Y.; Warta, W. *Progress in Photovoltaics: Research and Applications* **2008**, *16*, 435–440.

[21] Green, M. A.; Emery, K.; Hishikawa, Y.; Warta, W. *Progress in Photovoltaics: Research and Applications* **2009**, *17*, 320–326.

[22] Green, M. A.; Emery, K.; Hishikawa, Y.; Warta, W. *Progress in Photovoltaics: Research and Applications* **2010**, *18*, 346–352.

[23] Green, M. A.; Emery, K.; Hishikawa, Y.; Warta, W.; Dunlop, E. D. *Progress in Photovoltaics: Research and Applications* **2011**, *19*, 565–572.

[24] Green, M. A.; Emery, K.; Hishikawa, Y.; Warta, W.; Dunlop, E. D. *Progress in Photovoltaics: Research and Applications* **2012**, *20*, 606–614.

[25] Heliatek; *Neuer Weltrekord für organische Solarzellen: Heliatek behauptet sich mit 12 % Zelleffizienz als Technologieführer*; Pressemitteilung; 2013.

[26] Gärtner, C.; Phd thesis; Universität Karlsruhe (TH); Karlsruhe; 2009.

[27] Fox, M. *Optical properties of solids*, 2nd ed.; Oxford master series in condensed matter physics; Oxford University Press, USA, 2010.

[28] Hesse, M.; Meier, H.; Zeeh, B. *Spektroskopische Methoden in der organischen Chemie*, 7th ed.; Thieme: Stuttgart, 2005.

[29] Nelson, J. *Materials Today* **2011**, *14*, 462–470.

[30] Brütting, W. *Physics of Organic Semiconductors*; Brütting, W., Ed.; Physics Status Solidi; Wiley-VCH Verlag GmbH & Co. KGaA, 2005.

[31] Brédas, J.-L.; Norton, J. E.; Cornil, J.; Coropceanu, V. *Accounts of Chemical Research* **2009**, *42*, 1691–1699.

[32] Li, G.; Zhu, R.; Yang, Y. *Nature Photonics* **2012**, *6*, 153–161.

[33] Clark, J.; Silva, C.; Friend, R. H.; Spano, F. C. *Physical Review Letters* **2007**, *98*, 206406.

[34] Chen, H.-Y.; Hou, J.; Hayden, A. E.; Yang, H.; Houk, K. N.; Yang, Y. *Advanced Materials* **2010**, *22*, 371–375.

[35] Spano, F. C. *The Journal of Chemical Physics* **2005**, *122*, 234701.

[36] Spano, F. C. *Chemical Physics* **2006**, *325*, 22–35.

[37] Clark, J.; Chang, J.-F.; Spano, F. C.; Friend, R. H.; Silva, C. *Applied Physics Letters* **2009**, *94*, 163306.

[38] Jelley, E. E. *Nature* **1936**, *138*, 1009–1010.

[39] Meskers, S. C. J.; Janssen, R. A. J.; Haverkort, J. E. M.; Wolter, J. H. *Chemical Physics* **2000**, *260*, 415–439.

[40] Knapp, E. *Chemical Physics* **1984**, *85*, 73–82.

[41] Turner, S. T.; Pingel, P.; Steyrleuthner, R.; Crossland, E. J. W.; Ludwigs, S.; Neher, D. *Advanced Functional Materials* **2011**, *21*, 4640–4652.

[42] Grozema, F. C.; Siebbeles, L. D. A. *The Journal of Physical Chemistry Letters* **2011**, *2*, 2951–2958.

[43] Vissenberg, M. C. J. M.; Matters, M. *Phys. Rev. B* **1998**, *57*, 12964–12967.

[44] Takeya, J.; Yamagishi, M.; Tominari, Y.; Hirahara, R.; Nakazawa, Y.; Nishikawa, T.; Kawase, T.; Shimoda, T.; Ogawa, S. *Applied Physics Letters* **2007**, *90*, 102120.

[45] Green, M. A.; Emery, K.; Hishikawa, Y.; Warta, W.; Dunlop, E. D. *Progress in Photovoltaics: Research and Applications* **2013**, *21*, 1–11.

[46] Spanggaard, H.; Krebs, F. C. *Solar Energy Materials and Solar Cells* **2004**, *83*, 125–146.

[47] Brabec, C. J. *Organic photovoltaics: concepts and realization*; Brabec, C. J., Ed.; Springer, 2003.

[48] Colsmann, A.; Ph.D. thesis; Universität Karlsruhe (TH); 2008.

[49] Klein, M. F. G.; Pasker, F.; Wettach, H.; Gadaczek, I.; Bredow, T.; Zilkens, P.; Vöhringer, P.; Lemmer, U.; Höger, S.; Colsmann, A. *The Journal of Physical Chemistry C* **2012**, *116*, 16358–16364.

[50] Abou-Ras, D.; Kirchartz, T.; Rau, U. *Advanced characterization techniques for thin film solar cells*; Abou-Ras, D.; Kirchartz, T.; Rau, U., Eds.; Wiley-VCH, 2011.

[51] Shrotriya, V.; Li, G.; Yao, Y.; Moriarty, T.; Emery, K.; Yang, Y. *Advanced Functional Materials* **2006**, *16*, 2016–2023.

[52] Subcommittee: G03.09; *ASTM G173 - 03(2012) Standard Tables for Reference Solar Spectral Irradiances: Direct Normal and Hemispherical on 37° Tilted Surface*; Annual book of ASTM standards 2006, Vol. 14.04; 2012.

[53] Burkhard, G. F.; Hoke, E. T.; McGehee, M. D. *Advanced Materials* **2010**, *22*, 3293–3297.

[54] Pochettino, A. *Rendiconti Accademia Nazionale dei Lincei* **1906**, *15*, 355–373.

[55] Delacote, G. M.; Fillard, J. P.; Marco, F. J. *Solid State Communications* **1964**, *2*, 373–376.

[56] Chamberlain, G. *Solar Cells* **1983**, *8*, 47–83.

[57] Blom, P. W. M.; Mihailetchi, V. D.; Koster, L. J. A.; Markov, D. E. *Advanced Materials* **2007**, *19*, 1551–1566.

[58] Halls, J. J. M.; Pichler, K.; Friend, R. H.; Moratti, S. C.; Holmes, A. B. *Applied Physics Letters* **1996**, *68*, 3120–3122.

[59] Haugeneder, A.; Neges, M.; Kallinger, C.; Spirkl, W.; Lemmer, U.; Feldmann, J.; Scherf, U.; Harth, E.; Gügel, A.; Müllen, K. *Physical Review B: Condensed Matter and Materials Physics* **1999**, *59*, 15346–15351.

[60] Mikhnenko, O. V.; Azimi, H.; Scharber, M.; Morana, M.; Blom, P. W. M.; Loi, M. A. *Energy & Environmental Science* **2012**, *5*, 6960–6965.

[61] Thompson, B. C.; Fréchet, J. M. J. *Angewandte Chemie International Edition* **2008**, *47*, 58–77.

[62] Ishii, H.; Sugiyama, K.; Ito, E.; Seki, K. *Advanced Materials* **1999**, *11*, 605–625.

[63] Helander, M. G.; Wang, Z. B.; Qiu, J.; Lu, Z. H. *Applied Physics Letters* **2008**, *93*, 193310.

[64] Blakesley, J. C.; Greenham, N. C. *Journal of Applied Physics* **2009**, *106*, 034507.

[65] Braun, S.; Salaneck, W. R.; Fahlman, M. *Advanced Materials* **2009**, *21*, 1450–1472.

[66] Greiner, M. T.; Helander, M. G.; Tang, W.-M.; Wang, Z.-B.; Qiu, J.; Lu, Z.-H. *Nat Mater* **2012**, *11*, 76–81.

[67] Tang, C. W.; *Multilayer organic photovoltaic elements*; 1979.

[68] Tang, C. W. *Applied Physics Letters* **1986**, *48*, 183–185.

[69] Deibel, C.; Dyakonov, V. *Reports on Progress in Physics* **2010**, *73*, 096401.

[70] Bakulin, A. A.; Rao, A.; Pavelyev, V. G.; van Loosdrecht, P. H. M.; Pshenichnikov, M. S.; Niedzialek, D.; Cornil, J.; Beljonne, D.; Friend, R. H. *Science* **2012**, *335*, 1340–1344.

[71] Brédas, J.-L. *AIP Conference Proceedings* **2013**, *1519*, 55–58.

[72] Li, L.; Tang, H.; Wu, H.; Lu, G.; Yang, X. *Organic Electronics* **2009**, *10*, 1334–1344.

[73] Cates, N. C.; Gysel, R.; Beiley, Z.; Miller, C. E.; Toney, M. F.; Heeney, M.; McCulloch, I.; McGehee, M. D. *Nano Letters* **2009**, *9*, 4153–4157.

[74] Rance, W. L.; Ferguson, A. J.; McCarthy-Ward, T.; Heeney, M.; Ginley, D. S.; Olson, D. C.; Rumbles, G.; Kopidakis, N. *ACS Nano* **2011**, *5*, 5635–5646.

[75] Miller, N. C.; Cho, E.; Junk, M. J. N.; Gysel, R.; Risko, C.; Kim, D.; Sweetnam, S.; Miller, C. E.; Richter, L. J.; Kline, R. J.; Heeney, M.; McCulloch, I.; Amassian, A.; Acevedo-Feliz, D.; Knox, C.; Hansen, M. R.; Dudenko, D.; Chmelka, B. F.; Toney, M. F.; Brédas, J.-L.; McGehee, M. D. *Advanced Materials* **2012**, *24*, 6071–6079.

[76] Miller, N. C.; Sweetnam, S.; Hoke, E. T.; Gysel, R.; Miller, C. E.; Bartelt, J. A.; Xie, X.; Toney, M. F.; McGehee, M. D. *Nano Letters* **2012**, *12*, 1566–1570.

[77] Bruner, C.; Miller, N. C.; McGehee, M. D.; Dauskardt, R. H. *Advanced Functional Materials* **2013**, *23*, 2863–2871.

[78] Morita, S.; Zakhidov, A. A.; Yoshino, K. *Solid State Communications* **1992**, *82*, 249–252.

[79] Sariciftci, N. S.; Smilowitz, L.; Heeger, A. J.; Wudl, F. *Science* **1992**, *258*, 1474–1476.

[80] Sariciftci, N. S.; Smilowitz, L.; Heeger, A. J.; Wudl, F. *Synthetic Metals* **1993**, *59*, 333–352.

[81] Hummelen, J. C.; Knight, B. W.; LePeq, F.; Wudl, F.; Yao, J.; Wilkins, C. L. *The Journal of Organic Chemistry* **1995**, *60*, 532–538.

[82] Liu, T.; Troisi, A. *Advanced Materials* **2012**, *25*, 1038–1041.

[83] Hiramoto, M.; Fujiwara, H.; Yokoyama, M. *Journal of Applied Physics* **1992**, *72*, 3781–3787.

[84] Yu, G.; Gao, J.; Hummelen, J. C.; Wudl, F.; Heeger, A. J. *Science* **1995**, *270*, 1789–1791.

[85] Halls, J. J. M.; Walsh, C. A.; Greenham, N.; Marseglia, E. A.; Friend, R.; Moratti, S. C.; Holmes, A. *Nature* **1995**, *376*, 498–500.

[86] Street, R. A.; Schoendorf, M.; Roy, A.; Lee, J. H. *Physical Review B: Condensed Matter and Materials Physics* **2010**, *81*, 205307.

[87] Zhou, S.; Sun, J.; Zhou, C.; Deng, Z. *Physica B: Condensed Matter* **2013**, *415*, 28–33.

[88] Christ, N.; Kettlitz, S. W.; Züfle, S.; Valouch, S.; Lemmer, U. *Phys. Rev. B* **2011**, *83*, 195211.

[89] Albrecht, S.; Schindler, W.; Kurpiers, J.; Kniepert, J.; Blakesley, J. C.; Dumsch, I.; Allard, S.; Fostiropoulos, K.; Scherf, U.; Neher, D. *The Journal of Physical Chemistry Letters* **2012**, *3*, 640–645.

[90] Clarke, T. M.; Peet, J.; Nattestad, A.; Drolet, N.; Dennler, G.; Lungenschmied, C.; Leclerc, M.; Mozer, A. J. *Organic Electronics* **2012**, *13*, 2639–2646.

[91] Tress, W.; Leo, K.; Riede, M. *Physical Review B: Condensed Matter and Materials Physics* **2012**, *85*, 155201.

[92] Christ, N.; Kettlitz, S. W.; Valouch, S.; Mescher, J.; Nintz, M.; Lemmer, U. *Organic Electronics* **2013**, *14*, 973–978.

[93] Proctor, C. M.; Kim, C.; Neher, D.; Nguyen, T.-Q. *Advanced Functional Materials* **2013**, *23*, 3584–3594.

[94] Bibliographisches Institut & F. A. Brockhaus AG; *Brockhaus - Die Enzyklopädie digital*; 2006.

[95] Padinger, F.; Rittberger, R. S.; Sariciftci, N. S. *Adv. Funct. Mater.* **2003**, *13*, 85–88.

[96] Mihailetchi, V. D.; Xie, H. X.; de Boer, B.; Koster, L. J. A.; Blom, P. W. M. *Advanced Functional Materials* **2006**, *16*, 699–708.

[97] Li, G.; Shrotriya, V.; Huang, J.; Yao, Y.; Moriarty, T.; Emery, K.; Yang, Y. *Nat Mater* **2005**, *4*, 864–868.

[98] Salleo, A.; Kline, R. J.; DeLongchamp, D. M.; Chabinyc, M. L. *Advanced Materials* **2010**, *22*, 3812–3838.

[99] DeLongchamp, D. M.; Kline, R. J.; Fischer, D. A.; Richter, L. J.; Toney, M. F. *Advanced Materials* **2011**, *23*, 319–337.

[100] McNeill, C. R. *Journal of Polymer Science Part B: Polymer Physics* **2011**, *49*, 909–919.

[101] Chen, W.; Nikiforov, M. P.; Darling, S. B. *Energy & Environmental Science* **2012**, *5*, 8045–8074.

[102] DeLongchamp, D. M.; Kline, R. J.; Herzing, A. *Energy & Environmental Science* **2012**, *5*, 5980–5993.

[103] Liu, F.; Gu, Y.; Jung, J. W.; Jo, W. H.; Russell, T. P. *Journal of Polymer Science Part B: Polymer Physics* **2012**, *50*, 1018–1044.

[104] Rivnay, J.; Mannsfeld, S. C. B.; Miller, C. E.; Salleo, A.; Toney, M. F. *Chemical Reviews* **2012**, *112*, 5488–5519.

[105] Ray, B.; Alam, M. A. *Solar Energy Materials and Solar Cells* **2012**, *99*, 204–212; Special issue: 9th International Meeting on Electrochromism.

[106] Sumpter, B. G.; Meunier, V. *Journal of Polymer Science Part B: Polymer Physics* **2012**, *50*, 1071–1089.

[107] Wodo, O.; Tirthapura, S.; Chaudhary, S.; Ganapathysubramanian, B. *Organic Electronics* **2012**, *13*, 1105–1113.

[108] Wodo, O.; Ganapathysubramanian, B. *Computational Materials Science* **2012**, *55*, 113–126.

[109] Alam, M. A.; Ray, B.; Khan, M. R.; Dongaonkar, S. *Journal of Materials Research* **2013**, *28*, 541–557.

[110] Sirringhaus, H.; Brown, P. J.; Friend, R. H.; Nielsen, M. M.; Bechgaard, K.; Langeveld-Voss, B. M. W.; Spiering, A. J. H.; Janssen, R. A. J.; Meijer, E. W.; Herwig, P.; de Leeuw, D. M. *Nature* **1999**, *401*, 685–688.

[111] Coffin, R. C.; Peet, J.; Rogers, J.; Bazan, G. C. *Nature Chemistry* **2009**, *1*, 657–661.

[112] Barnes, M. D.; Baghar, M. *Journal of Polymer Science Part B: Polymer Physics* **2012**, *50*, 1121–1129.

[113] Lee, C.-K.; Pao, C.-W. *The Journal of Physical Chemistry C* **2012**, *116*, 12455–12461.

[114] Chen, H.; Hu, S.; Peet, J. P.; Bazan, G.; Dadmun, M. D. In *MRS fall meeting 2012, Boston.*

[115] Chen, H.; Peet, J.; Hu, S.; Azoulay, J.; Bazan, G.; Dadmun, M. *Advanced Functional Materials* **2013**, *Accepted.*

[116] Sanyal, M.; Schmidt-Hansberg, B.; Klein, M. F. G.; Colsmann, A.; Munuera, C.; Vorobiev, A.; Lemmer, U.; Schabel, W.; Dosch, H.; Barrena, E. *Advanced Energy Materials* **2011**, *1*, 363–367.

[117] Kim, Y.; Cook, S.; Tuladhar, S. M.; Choulis, S. A.; Nelson, J.; Durrant, J. R.; Bradley, D. D. C.; Giles, M.; McCulloch, I.; Ha, C.-S.; Ree, M. *Nature Materials* **2006**, *5*, 197–203.

[118] Chuang, S.-Y.; Chen, H.-L.; Lee, W.-H.; Huang, Y.-C.; Su, W.-F.; Jen, W.-M.; Chen, C.-W. *Journal of Materials Chemistry* **2009**, *19*, 5554–5560.

[119] Pasker, F. M.; Klein, M. F. G.; Sanyal, M.; Barrena, E.; Lemmer, U.; Colsmann, A.; Höger, S. *Journal of Polymer Science Part A: Polymer Chemistry* **2011**, *49*, 5001–5011.

[120] Sanyal, M.; Schmidt-Hansberg, B.; Klein, M. F. G.; Munuera, C.; Vorobiev, A.; Colsmann, A.; Scharfer, P.; Lemmer, U.; Schabel, W.; Dosch, H.; Barrena, E. *Macromolecules* **2011**, *44*, 3795–3800.

[121] Schmidt-Hansberg, B.; Sanyal, M.; Grossiord, N.; Galagan, Y.; Baunach, M.; Klein, M. F. G.; Colsmann, A.; Scharfer, P.; Lemmer, U.; Dosch, H.; Michels, J.; Barrena, E.; Schabel, W. *Solar Energy Materials and Solar Cells* **2012**, *96*, 195–201.

[122] Collins, B. A.; Li, Z.; Tumbleston, J. R.; Gann, E.; McNeill, C. R.; Ade, H. *Advanced Energy Materials* **2013**, *3*, 65–74.

[123] Chen, W.; Xu, T.; He, F.; Wang, W.; Wang, C.; Strzalka, J.; Liu, Y.; Wen, J.; Miller, D. J.; Chen, J.; Hong, K.; Yu, L.; Darling, S. B. *Nano Letters* **2011**, *11*, 3707–3713.

[124] Campoy-Quiles, M.; Ferenczi, T.; Agostinelli, T.; Etchegoin, P. G.; Kim, Y.; Anthopoulos, T. D.; Stavrinou, P. N.; Bradley, D. D. C.; Nelson, J. *Nature Materials* **2008**, *7*, 158–164.

[125] Kiel, J. W.; Kirby, B. J.; Majkrzak, C. F.; Maranville, B. B.; Mackay, M. E. *Soft Matter* **2010**, *6*, 641–646.

[126] Parnell, A. J.; Dunbar, A. D. F.; Pearson, A. J.; Staniec, P. A.; Dennison, A. J. C.; Hamamatsu, H.; Skoda, M. W. A.; Lidzey, D. G.; Jones, R. A. L. *Advanced Materials* **2010**, *22*, 2444–2447.

[127] Xue, B.; Vaughan, B.; Poh, C.-H.; Burke, K. B.; Thomsen, L.; Stapleton, A.; Zhou, X.; Bryant, G. W.; Belcher, W.; Dastoor, P. C. *The Journal of Physical Chemistry C* **2010**, *114*, 15797–15805.

[128] Lee, K. H.; Schwenn, P. E.; Smith, A. R. G.; Cavaye, H.; Shaw, P. E.; James, M.; Krueger, K. B.; Gentle, I. R.; Meredith, P.; Burn, P. L. *Advanced Materials* **2011**, *23*, 766–770.

[129] Lu, H.; Akgun, B.; Russell, T. P. *Advanced Energy Materials* **2011**, *1*, 870–878.

[130] Mauger, S. A.; Chang, L.; Friedrich, S.; Rochester, C. W.; Huang, D. M.; Wang, P.; Moulé, A. J. *Advanced Functional Materials* **2013**, *23*, 1935–1946.

[131] Lee, K. H.; Zhang, Y.; Burn, P. L.; Gentle, I. R.; James, M.; Nelson, A.; Meredith, P. *J. Mater. Chem. C* **2013**, *1*, 2593–2598.

[132] Chen, L.-M.; Hong, Z.; Li, G.; Yang, Y. *Advanced Materials* **2009**, *21*, 1434–1449.

[133] Park, S. H.; Roy, A.; Beaupré, S.; Cho, S.; Coates, N.; Moon, J. S.; Moses, D.; Leclerc, M.; Lee, K.; Heeger, A. J. *Nature Photonics* **2009**, *3*, 297–302.

[134] Chang, L.; Lademann, H. W. A.; Bonekamp, J.-B.; Meerholz, K.; Moulé, A. J. *Advanced Functional Materials* **2011**, *21*, 1779–1787.

[135] Ruderer, M. A.; Guo, S.; Meier, R.; Chiang, H.-Y.; Körstgens, V.; Wiedersich, J.; Perlich, J.; Roth, S. V.; Müller-Buschbaum, P. *Advanced Functional Materials* **2011**, *21*, 3382–3391.

[136] Peet, J.; Kim, J. Y.; Coates, N. E.; Ma, W. L.; Moses, D.; Heeger, A. J.; Bazan, G. C. *Nature Materials* **2007**, *6*, 497–500.

[137] Lee, J. K.; Ma, W. L.; Brabec, C. J.; Yuen, J.; Moon, J. S.; Kim, J. Y.; Lee, K.; Bazan, G. C.; Heeger, A. J. *Journal of the American Chemical Society* **2008**, *130*, 3619–3623.

[138] Kim, C. S.; Tinker, L. L.; DiSalle, B. F.; Gomez, E. D.; Lee, S.; Bernhard, S.; Loo, Y.-L. *Advanced Materials* **2009**, *21*, 3110–3115.

[139] Liang, Y.; Xu, Z.; Xia, J.; Tsai, S.-T.; Wu, Y.; Li, G.; Ray, C.; Yu, L. *Advanced Materials* **2010**, *22*, E135–E138.

[140] Agostinelli, T.; Ferenczi, T. A. M.; Pires, E.; Foster, S.; Maurano, A.; Müller, C.; Ballantyne, A.; Hampton, M.; Lilliu, S.; Campoy-Quiles, M.; Azimi, H.; Morana, M.; Bradley, D. D. C.; Durrant, J.; Macdonald,

J. E.; Stingelin, N.; Nelson, J. *Journal of Polymer Science Part B: Polymer Physics* **2011**, *49*, 717–724.

[141] Hammond, M. R.; Kline, R. J.; Herzing, A. A.; Richter, L. J.; Germack, D. S.; Ro, H.-W.; Soles, C. L.; Fischer, D. A.; Xu, T.; Yu, L.; Toney, M. F.; DeLongchamp, D. M. *ACS Nano* **2011**, *5*, 8248–8257.

[142] Lou, S. J.; Szarko, J. M.; Xu, T.; Yu, L.; Marks, T. J.; Chen, L. X. *Journal of the American Chemical Society* **2011**, *133*, 20661–20663.

[143] Rogers, J. T.; Schmidt, K.; Toney, M. F.; Kramer, E. J.; Bazan, G. C. *Advanced Materials* **2011**, *23*, 2284–2288.

[144] Gu, Y.; Wang, C.; Russell, T. P. *Advanced Energy Materials* **2012**, *2*, 683–690.

[145] Rogers, J. T.; Schmidt, K.; Toney, M. F.; Bazan, G. C.; Kramer, E. J. *Journal of the American Chemical Society* **2012**, *134*, 2884–2887.

[146] Sun, Y.; Welch, G. C.; Leong, W. L.; Takacs, C. J.; Bazan, G. C.; Heeger, A. J. *Nature Materials* **2012**, *11*, 44–48.

[147] van Bavel, S. S.; Sourty, E.; With, G. d.; Loos, J. *Nano Letters* **2009**, *9*, 507–513.

[148] Schmidt-Hansberg, B.; Sanyal, M.; Klein, M. F. G.; Pfaff, M.; Schnabel, N.; Jaiser, S.; Vorobiev, A.; Müller, E.; Colsmann, A.; Scharfer, P.; Gerthsen, D.; Lemmer, U.; Barrena, E.; Schabel, W. *ACS Nano* **2011**, *5*, 8579–8590.

[149] Donley, C. L.; Zaumseil, J.; Andreasen, J. W.; Nielsen, M. M.; Sirringhaus, H.; Friend, R. H.; Kim, J.-S. *Journal of the American Chemical Society* **2005**, *127*, 12890–12899.

[150] van Bavel, S. S.; Bärenklau, M.; de With, G.; Hoppe, H.; Loos, J. *Advanced Functional Materials* **2010**, *20*, 1458–1463.

[151] Moerman, D.; Lazzaroni, R.; Douheret, O. *Applied Physics Letters* **2011**, *99*, 093303.

[152] Yang, X.; Loos, J.; Veenstra, S. C.; Verhees, W. J. H.; Wienk, M. M.; Kroon, J. M.; Michels, M. A. J.; Janssen, R. A. J. *Nano Letters* **2005**, *5*, 579–583.

[153] Herzing, A. A.; Richter, L. J.; Anderson, I. M. *The Journal of Physical Chemistry C* **2010**, *114*, 17501–17508.

[154] Drummy, L. F.; Davis, R. J.; Moore, D. L.; Durstock, M.; Vaia, R. A.; Hsu, J. W. P. *Chemistry of Materials* **2011**, *23*, 907–912.

[155] Pfannmöller, M.; Flügge, H.; Benner, G.; Wacker, I.; Sommer, C.; Hanselmann, M.; Schmale, S.; Schmidt, H.; Hamprecht, F. A.; Rabe, T.; Kowalsky, W.; Schröder, R. R. *Nano Letters* **2011**, *11*, 3099–3107.

[156] Kayunkid, N.; Uttiya, S.; Brinkmann, M. *Macromolecules* **2010**, *43*, 4961–4967.

[157] Pfaff, M.; Müller, P.; Bockstaller, P.; Müller, E.; Subbiah, J.; Wong, W. W. H.; Klein, M. F. G.; Pisula, W.; Kiersnowski, A.; Puniredd, S. R.; Pisula, W.; Lemmer, U.; Colsmann, A.; Gerthsen, D.; Jones, D. J. *ACS Applied Materials & Interfaces* **2013**, *In preparation*.

[158] Pfaff, M.; Müller, E.; Klein, M. F. G.; Colsmann, A.; Lemmer, U.; Krzyzanek, V.; Reichelt, R.; Gerthsen, D. *Journal of Microscopy* **2011**, *243*, 31–39.

[159] Klein, M. F. G.; Pfaff, M.; Müller, E.; Czolk, J.; Reinhard, M.; Valouch, S.; Lemmer, U.; Colsmann, A.; Gerthsen, D. *Journal of Polymer Science Part B: Polymer Physics* **2012**, *50*, 198–206.

[160] Pfaff, M.; Klein, M. F. G.; Müller, E.; Müller, P.; Colsmann, A.; Lemmer, U.; Gerthsen, D. *Microscopy and Microanalysis* **2012**, *18*, 1380–1388.

[161] Gurau, M. C.; Delongchamp, D. M.; Vogel, B. M.; Lin, E. K.; Fischer, D. A.; Sambasivan, S.; Richter, L. J. *Langmuir* **2007**, *23*, 834–842.

[162] Germack, D. S.; Chan, C. K.; Kline, R. J.; Fischer, D. A.; Gundlach, D. J.; Toney, M. F.; Richter, L. J.; DeLongchamp, D. M. *Macromolecules* **2010**, *43*, 3828–3836.

[163] Aygül, U.; Batchelor, D.; Dettinger, U.; Yilmaz, S.; Allard, S.; Scherf, U.; Peisert, H.; Chassé, T. *The Journal of Physical Chemistry C* **2012**, *116*, 4870–4874.

[164] Perlich, J.; Rubeck, J.; Botta, S.; Gehrke, R.; Roth, S. V.; Ruderer, M. A.; Prams, S. M.; Rawolle, M.; Zhong, Q.; Körstgens, V.; Müller-Buschbaum, P. *Review of Scientific Instruments* **2010**, *81*, 105105.

[165] Schmidt-Hansberg, B.; Klein, M. F. G.; Peters, K.; Buss, F.; Pfeifer, J.; Walheim, S.; Colsmann, A.; Lemmer, U.; Scharfer, P.; Schabel, W. *Journal of Applied Physics* **2009**, *106*, 124501.

[166] Wang, T.; Dunbar, A. D. F.; Staniec, P. A.; Pearson, A. J.; Hopkinson, P. E.; MacDonald, J. E.; Lilliu, S.; Pizzey, C.; Terrill, N. J.; Donald, A. M.; Ryan, A. J.; Jones, R. A. L.; Lidzey, D. G. *Soft Matter* **2010**, *6*, 4128–4134.

[167] Campoy-Quiles, M.; Schmidt, M.; Nassyrov, D.; Peña, O.; Goñi, A. R.; Alonso, M. I.; Garriga, M. *Thin Solid Films* **2011**, *519*, 2678–2681; Special issue: 5th International Conference on Spectroscopic Ellipsometry (ICSE-V).

[168] Treat, N. D.; Shuttle, C. G.; Toney, M. F.; Hawker, C. J.; Chabinyc, M. L. *Journal of Materials Chemistry* **2011**, *21*, 15224–15231.

[169] Wang, T.; Pearson, A. J.; Lidzey, D. G.; Jones, R. A. L. *Advanced Functional Materials* **2011**, *21*, 1383–1390.

[170] Schmidt-Hansberg, B.; Klein, M. F. G.; Sanyal, M.; Buss, F.; de Medeiros, G. Q. G.; Munuera, C.; Vorobiev, A.; Colsmann, A.; Scharfer,

P.; Lemmer, U.; Barrena, E.; Schabel, W. *Macromolecules* **2012**, *45*, 7948–7955.

[171] Chou, K. W.; Yan, B.; Li, R.; Li, E. Q.; Zhao, K.; Anjoum, D. H.; Alvarez, S.; Gassaway, R.; Biocca, A.; Thoroddsen, S. T.; Hexemer, A.; Amassian, A. *Advanced Materials* **2013**, *25*, 1923–1929.

[172] Collins, B. A.; Cochran, J. E.; Yan, H.; Gann, E.; Hub, C.; Fink, R.; Wang, C.; Schuettfort, T.; McNeill, C. R.; Chabinyc, M. L.; Ade, H. *Nature Materials* **2012**, *11*, 536–543.

[173] Ro, H. W.; Akgun, B.; O'Connor, B. T.; Hammond, M.; Kline, R. J.; Snyder, C. R.; Satija, S. K.; Ayzner, A. L.; Toney, M. F.; Soles, C. L.; DeLongchamp, D. M. *Macromolecules* **2012**, *45*, 6587–6599.

[174] Rochester, C. W.; Mauger, S. A.; Moulé, A. J. *The Journal of Physical Chemistry C* **2012**, *116*, 7287–7292.

[175] Small, C. E.; Chen, S.; Subbiah, J.; Amb, C. M.; Tsang, S.-W.; Lai, T.-H.; Reynolds, J. R.; So, F. *Nature Photonics* **2011**, *6*, 115–120.

[176] Subbiah, J.; Amb, C. M.; Reynolds, J. R.; So, F. *Solar Energy Materials and Solar Cells* **2012**, *97*, 97–101; Special issue: Dedicated to the Global Organic Photovoltaics (GOPV) conference in Hangzhou, China.

[177] Subbiah, J.; Amb, C. M.; Irfan, I.; Gao, Y.; Reynolds, J. R.; So, F. *ACS Applied Materials & Interfaces* **2012**, *4*, 866–870.

[178] Guo, L.; Yang, S.; Yang, C.; Yu, P.; Wang, J.; Ge, W.; Wong, G. K. L. *Chemistry of Materials* **2000**, *12*, 2268–2274.

[179] Tang, H.; Yan, M.; Ma, X.; Zhang, H.; Wang, M.; Yang, D. *Sensors and Actuators B: Chemical* **2006**, *113*, 324–328.

[180] Singla, M. L.; Shafeeq M, M.; Kumar, M. *Journal of Luminescence* **2009**, *129*, 434–438.

[181] Normenausschuss Heiz- und Raumlufttechnik (NHRS) und Normenausschuss Laborgeräte und Laboreinrichtungen (FNLa); *Reinräume und zugehörige Reinraumbereiche – Teil 1: Klassifizierung der Luftreinheit anhand der Partikelkonzentration*; 2010.

[182] Colsmann, A.; Stenzel, F.; Balthasar, G.; Do, H.; Lemmer, U. *Thin Solid Films* **2009**, *517*, 1750–1752.

[183] Heraeus Precious Metals GmbH & Co. KG; *Datasheet Clevios™ P VP AI 4083*; 2010.

[184] Landerer, D.; Bachelorarbeit; Karlsruher Institut für Technologie; 2012.

[185] Klein, M. F. G.; Pasker, F. M.; Kowarik, S.; Landerer, D.; Pfaff, M.; Isen, M.; Gerthsen, D.; Lemmer, U.; Höger, S.; Colsmann, A. *Macromolecules* **2013**, *46*, 3870–3878.

[186] Feller, D.; Opfer, K.-A.; *Elektrostatische Ladungen als Störfaktor beim analytischen Wägen*; Tech. Rep.; Haug GmbH; 2005.

[187] Reader, J.; Corliss, C. H.; Wiese, W. L.; Martin, W. L.; *Wavelengths and Transition Probabilities for Atoms and Atomic Ions Part 1. Wavelengths, Part 2. Transition Probabilities*; 1980.

[188] IEC/TC 82 Solar photovoltaic energy systems; *IEC 60904-1, Photovoltaic devices - Part 1: Measurement of photovoltaic current-voltage characteristics*; 2006.

[189] Bothe, W. *Handbuch der Physik 22,2: Negative und positive Strahlen*; Geiger, H.; Bothe, W., Eds.; Springer, Berlin, 1933; pp 1–74.

[190] Cosslett, V. E.; Thomas, R. N. *British Journal of Applied Physics* **1964**, *15*, 883.

[191] Sourty, E.; van Bavel, S.; Lu, K.; Guerra, R.; Bar, G.; Loos, J. *Microscopy and Microanalysis* **2009**, *15*, 251–258.

[192] Dréwniok, J.; Studienarbeit; Karlsruher Institut für Technologie; 2010.

[193] Schröder, M.; Studienarbeit; Karlsruher Institut für Technologie; 2011.

[194] IEC/TC 82 Solar photovoltaic energy systems; *IEC 60904-8, Ed. 3, Photovoltaic devices - Part 8: Measurement of spectral response of a photovoltaic (PV) device*; 2012.

[195] Subcommittee: E44.09; *E1021-12 Standard Test Method for Spectral Responsivity Measurements of Photovoltaic Devices*; Book of Standards Volume: 12.02; 2012.

[196] Burdick, J.; Glatfelter, T. *Solar Cells* **1986**, *18*, 301–314.

[197] Meusel, M.; Baur, C.; Létay, G.; Bett, A. W.; Warta, W.; Fernandez, E. *Progress in Photovoltaics: Research and Applications* **2003**, *11*, 499–514.

[198] Cheng, Y.-J.; Yang, S.-H.; Hsu, C.-S. *Chemical Reviews* **2009**, *109*, 5868–5923.

[199] Mayukh, M.; Jung, I. H.; He, F.; Yu, L. *Journal of Polymer Science Part B: Polymer Physics* **2012**, *50*, 1057–1070.

[200] Heeney, M.; Zhang, W.; Crouch, D. J.; Chabinyc, M. L.; Gordeyev, S.; Hamilton, R.; Higgins, S. J.; McCulloch, I.; Skabara, P. J.; Sparrowe, D.; Tierney, S. *Chem. Commun.* **2007**, *0*, 5061–5063.

[201] Ballantyne, A. M.; Chen, L.; Nelson, J.; Bradley, D. D. C.; Astuti, Y.; Maurano, A.; Shuttle, C. G.; Durrant, J. R.; Heeney, M.; Duffy, W.; McCulloch, I. *Advanced Materials* **2007**, *19*, 4544–4547.

[202] Ballantyne, A. M.; Ferenczi, T. A. M.; Campoy-Quiles, M.; Clarke, T. M.; Maurano, A.; Wong, K. H.; Zhang, W.; Stingelin-Stutzmann, N.; Kim, J.-S.; Bradley, D. D. C.; Durrant, J. R.; McCulloch, I.; Heeney, M.; Nelson, J.; Tierney, S.; Duffy, W.; Mueller, C.; Smith, P. *Macromolecules* **2010**, *43*, 1169–1174.

[203] Christ, N. S.; Kettlitz, S. W.; Valouch, S.; Zufle, S.; Gartner, C.; Punke, M.; Lemmer, U. *Journal of Applied Physics* **2009**, *105*, 104513.

[204] Deumié, C.; Richier, R.; Dumas, P.; Amra, C. *Appl. Opt.* **1996**, *35*, 5583–5594.

[205] Fang, S. J.; Haplepete, S.; Chen, W.; Helms, C. R.; Edwards, H. *Journal of Applied Physics* **1997**, *82*, 5891–5898.

[206] Czolk, J.; Studienarbeit; Karlsruher Institut für Technologie; 2010.

[207] Ng, A.; Li, C. H.; Fung, M. K.; Djurišić, A. B.; Zapien, J. A.; Chan, W. K.; Cheung, K. Y.; Wong, W.-Y. *The Journal of Physical Chemistry C* **2010**, *114*, 15094–15101.

[208] Reyes-Reyes, M.; Kim, K.; Carroll, D. L. *Applied Physics Letters* **2005**, *87*, 083506.

[209] Vanlaeke, P.; Swinnen, A.; Haeldermans, I.; Vanhoyland, G.; Aernouts, T.; Cheyns, D.; Deibel, C.; D'Haen, J.; Heremans, P.; Poortmans, J.; Manca, J. V. *Solar Energy Materials and Solar Cells* **2006**, *90*, 2150–2158.

[210] Vandewal, K.; Gadisa, A.; Oosterbaan, W. D.; Bertho, S.; Banishoeib, F.; Van Severen, I.; Lutsen, L.; Cleij, T. J.; Vanderzande, D.; Manca, J. V. *Advanced Functional Materials* **2008**, *18*, 2064–2070.

[211] Tsoi, W. C.; Spencer, S. J.; Yang, L.; Ballantyne, A. M.; Nicholson, P. G.; Turnbull, A.; Shard, A. G.; Murphy, C. E.; Bradley, D. D. C.; Nelson, J.; Kim, J.-S. *Macromolecules* **2011**, *44*, 2944–2952.

[212] Vandewal, K.; Tvingstedt, K.; Gadisa, A.; Inganäs, O.; Manca, J. V. *Nat Mater* **2009**, *8*, 904–909.

[213] Tsoi, W. C.; James, D. T.; Domingo, E. B.; Kim, J. S.; Al-Hashimi, M.; Murphy, C. E.; Stingelin, N.; Heeney, M.; Kim, J.-S. *ACS Nano* **2012**, *6*, 9646–9656.

[214] Treat, N. D.; Varotto, A.; Takacs, C. J.; Batara, N.; Al-Hashimi, M.; Heeney, M. J.; Heeger, A. J.; Wudl, F.; Hawker, C. J.; Chabinyc, M. L. *Journal of the American Chemical Society* **2012**, *134*, 15869–15879.

[215] Chen, H.-Y.; Yeh, S.-C.; Chen, C.-T.; Chen, C.-T. *J. Mater. Chem.* **2012**, *22*, 21549–21559.

[216] Dou, L.; Chang, W.-H.; Gao, J.; Chen, C.-C.; You, J.; Yang, Y. *Advanced Materials* **2012**, *25*, 825–831.

[217] Alghamdi, A. A. B.; Watters, D. C.; Yi, H.; Al-Faifi, S.; Almeataq, M. S.; Coles, D.; Kingsley, J.; Lidzey, D. G.; Iraqi, A. *J. Mater. Chem. A* **2013**, *1*, 5165–5171.

[218] Lee, W.-H.; Lee, S.-K.; Shin, W.-S.; Moon, S.-J.; Lee, S.-H.; Kang, I.-N. *Solar Energy Materials and Solar Cells* **2013**, *110*, 140–146.

[219] Zhou, E.; Cong, J.; Hashimoto, K.; Tajima, K. *Macromolecules* **2013**, *46*, 763–768.

[220] Blouin, N.; Michaud, A.; Leclerc, M. *Advanced Materials* **2007**, *19*, 2295–2300.

[221] Pisula, W.; Mishra, A. K.; Li, J.; Baumgarten, M.; Müllen, K. *Carbazole-Based Conjugated Polymers as Donor Material for Photovoltaic Devices*; Wiley-VCH Verlag GmbH & Co. KGaA, 2009; pp 93–128.

[222] Qin, R.; Li, W.; Li, C.; Du, C.; Veit, C.; Schleiermacher, H.-F.; Andersson, M.; Bo, Z.; Liu, Z.; Inganäs, O.; Wuerfel, U.; Zhang, F. *Journal of the American Chemical Society* **2009**, *131*, 14612–14613.

[223] Lee, S. K.; Lee, W.-H.; Cho, J. M.; Park, S. J.; Park, J.-U.; Shin, W. S.; Lee, J.-C.; Kang, I.-N.; Moon, S.-J. *Macromolecules* **2011**, *44*, 5994–6001.

[224] Wang, E.; Hou, L.; Wang, Z.; Ma, Z.; Hellström, S.; Zhuang, W.; Zhang, F.; Inganäs, O.; Andersson, M. R. *Macromolecules* **2011**, *44*, 2067–2073.

[225] Blouin, N.; Michaud, A.; Gendron, D.; Wakim, S.; Blair, E.; Neagu-Plesu, R.; Belletête, M.; Durocher, G.; Tao, Y.; Leclerc, M. *Journal of the American Chemical Society* **2008**, *130*, 732–742.

[226] Wettach, H.; Pasker, F.; Höger, S. *Macromolecules* **2008**, *41*, 9513–9515.

[227] Pasker, F. M.; Le Blanc, S. M.; Schnakenburg, G.; Höger, S. *Organic Letters* **2011**, *13*, 2338–2341.

[228] de Leeuw, D. M.; Simenon, M. M. J.; Brown, A. R.; Einerhand, R. E. F. *Synthetic Metals* **1997**, *87*, 53–59; Special issue: International Conference on Science and Technology of Synthetic Metals.

[229] Liu, C.; Xiao, S.; Shu, X.; Li, Y.; Xu, L.; Liu, T.; Yu, Y.; Zhang, L.; Liu, H.; Li, Y. *ACS Applied Materials & Interfaces* **2012**, *4*, 1065–1071.

[230] Ratcliff, E. L.; Meyer, J.; Steirer, K. X.; Armstrong, N. R.; Olson, D.; Kahn, A. *Organic Electronics* **2012**, *13*, 744–749.

[231] Koster, L. J. A.; Mihailetchi, V. D.; Blom, P. W. M. *Applied Physics Letters* **2006**, *88*, 093511.

[232] Koster, L. J. A.; Mihailetchi, V. D.; Blom, P. W. M. *Applied Physics Letters* **2006**, *88*, 052104.

[233] Agostinelli, T.; Lilliu, S.; Labram, J. G.; Campoy-Quiles, M.; Hampton, M.; Pires, E.; Rawle, J.; Bikondoa, O.; Bradley, D. D. C.; Anthopoulos, T. D.; Nelson, J.; Macdonald, J. E. *Advanced Functional Materials* **2011**, *21*, 1701–1708.

[234] Staniec, P. A.; Parnell, A. J.; Dunbar, A. D. F.; Yi, H.; Pearson, A. J.; Wang, T.; Hopkinson, P. E.; Kinane, C.; Dalgliesh, R. M.; Donald, A. M.; Ryan, A. J.; Iraqi, A.; Jones, R. A. L.; Lidzey, D. G. *Advanced Energy Materials* **2011**, *1*, 499–504.

[235] Kronimus, C.; Studienarbeit; Universität Karlsruhe (TH); 2009.

[236] Kapetana, P.; Diplomarbeit; Karlsruher Institut für Technologie; 2011.

[237] Glasner de Medeiros, G. Q.; Masterthesis; Karlsruhe Institute of Technology; 2011.

[238] Leguy, A.; Masterthesis; Karlsruhe Institute of Technology; 2013.

[239] Mescher, J.; Kettlitz, S. W.; Christ, N.; Klein, M. F. G.; Pütz, A.; Colsmann, A.; Lemmer, U. **2013**, *In preparation.*

[240] Klein, M. F. G.; Glasner de Medeiros, G. Q.; Kapetana, P.; Lemmer, U.; Colsmann, A., *In preparation.*

[241] Fujiwara, H. *Spectroscopic Ellipsometry: Principles and Applications*; Wiley, 2007.

[242] Woollam; *Guide to Using WVASE32 - Spectroscopic Ellipsometry Data Acquisition and Analysis Software*; J. A. Woollam Co., Inc.; 645 M Street, Suite 102; Lincoln, NE 68508; 2008.

[243] Herrmann, F.; Engmann, S.; Presselt, M.; Hoppe, H.; Shokhovets, S.; Gobsch, G. *Applied Physics Letters* **2012**, *100*, 153301.

[244] Madsen, M. V.; Sylvester-Hvid, K. O.; Dastmalchi, B.; Hingerl, K.; Norrman, K.; Tromholt, T.; Manceau, M.; Angmo, D.; Krebs, F. C. *The Journal of Physical Chemistry C* **2011**, *115*, 10817–10822.

[245] Logothetidis, S.; Georgiou, D.; Laskarakis, A.; Koidis, C.; Kalfagiannis, N. *Solar Energy Materials and Solar Cells* **2013**, *112*, 144–156.

[246] Ng, A. M. C.; Cheung, K. Y.; Fung, M. K.; Djurišić, A. B.; Chan, W. K. *Thin Solid Films* **2008**, *517*, 1047–1052; Special issue: 35th International Conference on Metallurgical Coatings and Thin Films (ICMCTF).

[247] Engmann, S.; Turkovic, V.; Gobsch, G.; Hoppe, H. *Advanced Energy Materials* **2011**, *1*, 684–689.

[248] Peiponen, K.-E.; Vartiainen, E. M. *Physical Review B: Condensed Matter and Materials Physics* **1991**, *44*, 8301–8303.

[249] Jellison Jr., G. E. *Applied Optics* **1991**, *30*, 3354–3360.

[250] Herzinger, C. M.; Johs, B.; McGahan, W. A.; Woollam, J. A.; Paulson, W. *Journal of Applied Physics* **1998**, *83*, 3323–3336.

[251] Cauchy, M. A. L. *Mémoire sur la dispersion de la lumière*; Calve: Prague, 1836.

[252] Pettersson, L. A. A.; Ghosh, S.; Inganäs, O. *Organic Electronics* **2002**, *3*, 143 – 148.

[253] Campoy-Quiles, M.; Etchegoin, P. G.; Bradley, D. D. C. *Phys. Rev. B* **2005**, *72*, 045209.

[254] Tompkins, H.; McGahan, W. *Spectroscopic ellipsometry and reflectometry: a user's guide*; Wiley New York, 1999; ISBN 0471181722.

[255] Chen, H.; Peet, J.; Dadmun, M. *ACS Nano* **2013**, *In preparation.*

[256] Gruber, M.; Wagner, J.; Klein, K.; Hörmann, U.; Opitz, A.; Stutzmann, M.; Brütting, W. *Advanced Energy Materials* **2012**, *2*, 1100–1108.

[257] Morfa, A. J.; Barnes, T. M.; Ferguson, A. J.; Levi, D. H.; Rumbles, G.; Rowlen, K. L.; van de Lagemaat, J. *Journal of Polymer Science Part B: Polymer Physics* **2011**, *49*, 186–194.

[258] Comoretto, D.; Dellepiane, G.; Marabelli, F.; Cornil, J.; dos Santos, D. A.; Brédas, J. L.; Moses, D. *Physical Review B: Condensed Matter and Materials Physics* **2000**, *62*, 10173–10184.

[259] Erb, T.; Raleva, S.; Zhokhavets, U.; Gobsch, G.; Stühn, B.; Spode, M.; Ambacher, O. *Thin Solid Films* **2004**, *450*, 97–100; Special issue: Proceedings of Symposium M on Optical and X-Ray Metrology for Advanced Device Materials Characterization, of the E-MRS 2003 Spring Conference.

[260] Tune, D. D.; Hennrich, F.; Dehm, S.; Klein, M. F. G.; Colsmann, A.; Shapter, J. G.; Lemmer, U.; Kappes, M. M.; Krupke, R.; Flavel, B. S. *Advanced Energy Materials* **2013**, *3*, 1091–1097.

[261] Valouch, S.; Hönes, C.; Kettlitz, S. W.; Christ, N.; Do, H.; Klein, M. F. G.; Kalt, H.; Colsmann, A.; Lemmer, U. *Organic Electronics* **2012**, *13*, 2727–2732.

Stichwortverzeichnis

Oberflächenrauigkeit, 122
Oberflächentopographie, 103
Oberseite, 50
Optisches Modell, 114
Orbital
    Atomorbital, 10
    Hybridorbital, 9
    Molekülorbital, 10
Organik-Organik-Grenzfläche, 28
Orientierung
    Edge-On, 39, 136
    Face-On, 39, 102, 136
Oszillatormodell, 115
    Gauß, 116, 124
    Pole, 115, 124
    Sellmeier, 116
Out-of-plane, 102, 135

P3HS, 59
P3HT, 7, 15
Parallelwiderstand, 20, 23
pBTTT, 38
$PC_{61}BM$, 78
$PC_{61}BM$, 30
$PC_{71}BM$, 38, 95, 124
PCDTBT, 102
PCDTPBt, 95
PCPDTBT, 129
PEDOT:PSS, 49, 54, 80
Perkolationspfad, 31, 34, 40, 85, 89
Phasendifferenz, 110, 112
Phasenseparation, 33, 40
    Vertikale, 41
Photolumineszenz, 14

Physikalisch-Technische Bundes-
    anstalt (PTB), 67
π-Bindung, 9
$\pi \rightarrow \pi^*$ Übergang, 11
Pixel, 52, 53
Plancksches Wirkunsquantum, 24
Polarisation, 112
Polarisator, 109
Polaron, 19
Polaron-Pair, 30
Poly(3,4-ethylenedioxythiophen):
    Polystyrenesulfonat, 49
Poly(3-hexylselenophene-2,5-diyl),
    59, 78
Polydispersitätsindex, 109
Polymer
    P3HS, 59, 78
    P3HT, 7
    PCDTBT, 102
    PCDTPBt, 95
    PCPDTBT, 129
    PSBTBT, 15, 127
    PTB7, 106
Polyvinylpyrrolidon, 51, 55
Postbake, 41, 59
Precursor, 55
Prozessadditiv, 41, 93
PSBTBT, 15, 127

Quanteneffizienz, 67
    Externe Quanteneffizienz, 24
    Interne Quanteneffizienz, 25

Röntgenmikroskopie, 45

Anhang

A Externe Quanteneffizienz Messungen

Mit dem in Kapitel 4 beschriebenen Messplatz wurden seit seinem Aufbau und seiner Validierung unterschiedlichste Messungen durchgeführt. Neben den in Kapitel 6 gezeigten *EQE*-Messungen werden in Abbildung A.1 exemplarisch weitere Ergebnisse meiner Kollegen sowie eigene Messungen gezeigt: Es wurden Messungen in verschiedenen Spektralbereichen, Messungen mit weißer Biasbeleuchtung sowie Messungen mit Biasspannung für unterschiedliche Materialsysteme durchgeführt.

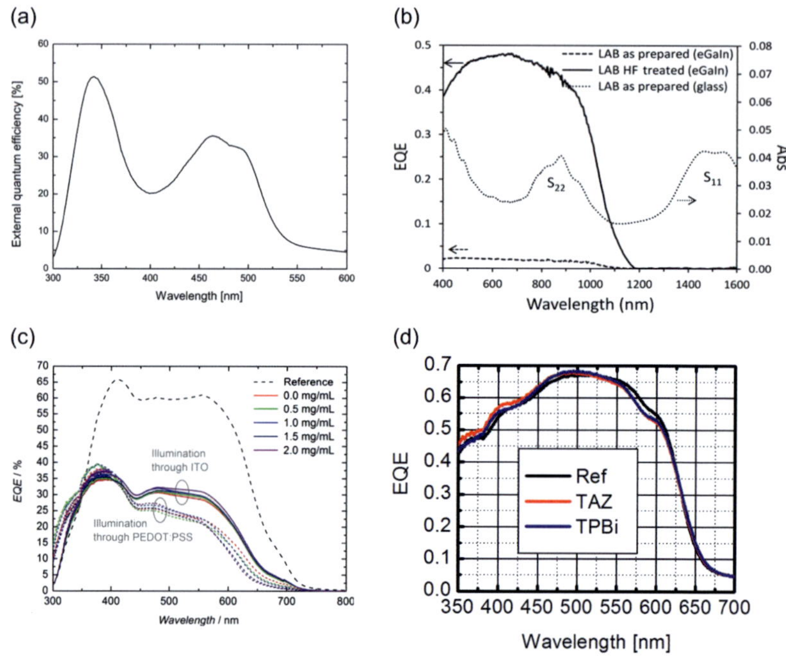

Abb. A.1: Verschiedene Anwendungen des *EQE*-Messsystems. Die hier gezeigten Graphen sind aus den Originalveröffentlichungen übernommen. (a) Solarzelle mit einem Oligomer-Donator und $PC_{61}BM$, vermessen mit weißer Biasbeleuchtung [49]. Mit freundlicher Genehmigung von American Chemical Society, Copyright 2012. (b) Carbon Nanotube Silizium Heteroübergang Solarzelle. Kombinierte Messung mit Si- und Ge-Referenzdiode [260]. Mit freundlicher Genehmigung von John Wiley and Sons, Copyright 2013. (c) Beidseitige Vermessung semitransparenter Solarzellen [7]. Mit freundlicher Genehmigung von John Wiley and Sons, Copyright 2012. (d) Organische Photodioden bei einer Biasspannung $V = -1\,V$ [261]. Mit freundlicher Genehmigung von Elsevier, Copyright 2012.

B Analyse von PCDTPBt

Das mittels Gel-Permeations-Chromatographie (GPC) in Tetrahydrofuran (THF) gegen einen Polystyren-Standard bestimmte Molekulargewicht von $M_n = 136.000\,\mathrm{g/mol}$ beziehungsweise $M_w = 503.000\,\mathrm{g/mol}$ erscheint relativ hoch und mag auf Aggregationseffekte und eine eingeschränkte Löslichkeit in THF zurückzuführen sein, siehe Abbildung B.1a. Dennoch ist davon auszugehen, dass das Polymer ein hohes Molekulargewicht besitzt, da Lösungen bei Raumtemperatur hochviskos sind. Des Weiteren attestiert die thermogravimetrische Analyse (TGA) der Verbindung eine hohe thermische Stabilität. Eine thermische Zersetzung ist erst ab 400 °C im Verlauf der TGA zu beobachten, Abbildung B.1b. In der *Differential Scanning Calorimetry* (DSC) war bis 300 °C ebenfalls kein klarer Übergang oder ein Schmelzen zu beobachten.

In Abbildung B.2a sind die UV/Vis Absorptionsspektren gezeigt. Die Absorption des Dünnfilms ist gegenüber der Absorption in Lösung minimal verbreitert und die Verhältnisse der Peaks variieren leicht. Die optische Bandlücke beträgt $E_g^{\mathrm{opt}} = 2.19\,\mathrm{eV}$. Des Weiteren ist in Abbildung B.2a das Emissionsspektrum dargestellt. Es zeigt einen scharf definierten Emissionspeak bei 597 nm mit einer *Full Width at Half Maximum* (FWHM) von $1150\,\mathrm{cm}^{-1}$. Die Stokesverschiebung mit $919\,\mathrm{cm}^{-1}$ ist relativ gering.

Die Lage der Energieniveaus wurde durch Cyclovoltammetrie (CV) bestimmt, siehe Abbildung B.2b. Über das starke, reversible Oxidationssignal bei 0.55 V und das schwache, irreversible Reduktionssignal bei -1.86 V wird das HOMO-Niveau zu -5.35 eV und das LUMO-Niveau zu -2.94 eV bestimmt. Die daraus resultierende chemische Bandlücke E_g^{CV} ist um 0.22 eV größer als die optische Bandlücke E_g^{opt}. Da insbesondere der n-dotierte Zustand während der CV-Messung sehr empfindlich auf Spuren von Sauerstoff oder Wasser ist, beziehungsweise mit dem Elektrolyten oder dem Lösungsmittel reagieren

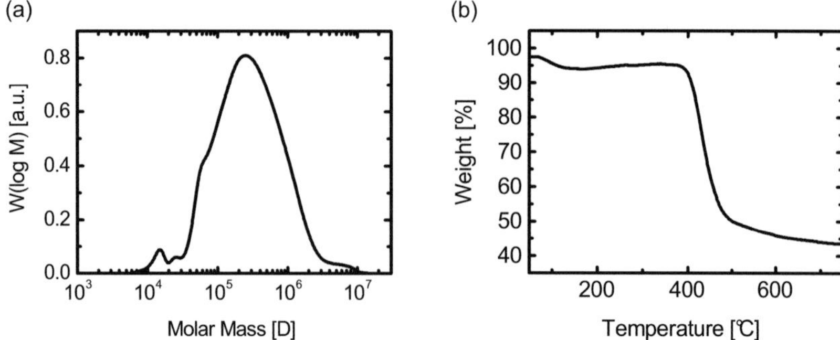

Abb. B.1: Analyse von PCDTPBt. (a) Bestimmung der molekularen Gewichtsverteilung durch GPC mit THF als Eluent. (b) TGA mit einer Heizrate von 10 °C/min in Stickstoffatmosphäre. Modifizierte Abbildung aus den Supporting Information von [185]. Mit freundlicher Genehmigung der American Chemical Society, Copyright 2013.

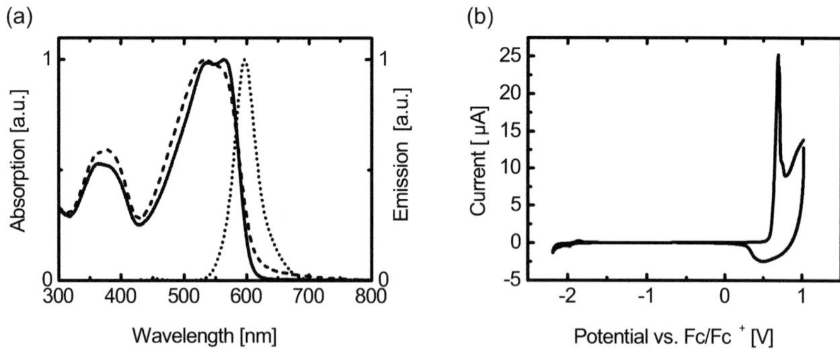

Abb. B.2: (a) UV/Vis Absorptionsspektren von PCDTPBt in DCB Lösung (durchgezogene Linie) und als Dünnfilm, abgeschieden aus DCB (gestrichelte Linie). Emissionsspektrum von PCDTPBt in DCB Lösung (gepunktete Linie). (b) CV an einem dünnen Film PCDTPBt, der mittels Tropfbeschichtung aus CB auf eine Glaskohlenstoff-Scheibenelektrode aufgebracht wurde, in Acetonitril mit n-Bu$_4$NPF$_6$ als Leitsalz. Abbildung aus [185]. Mit freundlicher Genehmigung der American Chemical Society, Copyright 2013.

kann, wird die Energie des LUMO-Niveaus durch HOMO $+ E_g^{\mathrm{opt}} = -3.16\,\mathrm{eV}$ bestimmt.

C Betreute studentische Arbeiten

Im Rahmen dieser Arbeit wurden die folgenden studentischen Arbeiten
betreut:

- C. Kronimus, "Bestimmung des komplexen Brechungsindex von PE-
  DOT:PSS durch spektroskopische Ellipsometrie", Studienarbeit, Universität Karlsruhe (TH), August 2009.

- M. Pfaff, "Elektronenmikroskopische Untersuchungen an Polymersolarzellen", Diplomarbeit, Universtät Karlsruhe (TH), Laboratorium für
  Elektronenmikroskopie, Oktober 2009.

- J. Czolk, "Quantitative Analyse der Morphologie von Polymer /
  Fulleren Bulk-Heterojunctions", Studienarbeit, Karlsruher Institut für
  Technologie, Januar 2010.

- J. Dréwniok, "Optoelektrische Charakterisierung von organischen Solarzellen", Studienarbeit, Karlsruher Institut für Technologie, März
  2010.

- P. Kapetana, "Spektroskopische Ellipsometrie an P3HT, PCBM und
  dem Mischsystem P3HT:PCBM", Diplomarbeit, Karlsruher Institut für
  Technologie, April 2011.

- M. Schröder, "Quanteneffizienzmessungen an organischen Solarzellen",
  Studienarbeit, Karlsruher Institut für Technologie, April 2011.

- M. Isen, "Dithienyl-2-aryl-2H-benzotriazol- und Carbazolderivate als
  Absorbermaterialien für Polymersolarzellen", Studienarbeit, Karlsruher
  Institut für Technologie, Mai 2011.

- G. Q. Glasner de Medeiros, "Spectroscopic ellipsometry on bulk heterojunctions comprising low bandgap polymers", Masterthesis, Karlsruhe Institute of Technology, October 2011.

- D. Landerer, "Untersuchung verschiedener Benzotriazol-Akzeptoren in Donor-Akzeptor- Copolymeren für die organische Photovoltaik", Bachelorarbeit, Karlsruher Institut für Technologie, Mai 2012.

- A. Leguy, "Optoelectronic simulations for organic solar cells", Masterthesis, Karlsruhe Institute of Technology, January 2013.

D Publikationen und Tagungsbeiträge

Im Rahmen dieser Arbeit sind die folgenden Veröffentlichungen entstanden:

Referierte Artikel in internationalen Zeitschriften

- **M. F. G. Klein**, F. M. Pasker, S. Kowarik, D. Landerer, M. Pfaff, M. Isen, D. Gerthsen, U. Lemmer, S. Höger, A. Colsmann, "Carbazole-phenylbenzotriazole copolymers as absorber material in organic solar cells", *Macromolecules*, **46**, 3870–3878 (2013).

- **M. F. G. Klein**, M. Pfaff, E. Müller, J. Czolk, M. Reinhard, S. Valouch, U. Lemmer, A. Colsmann, and D. Gerthsen, "Poly(3-hexylselenophene) solar cells: Correlating the optoelectronic device performance and nanomorphology imaged by low-energy scanning transmission electron microscopy", *Journal of Polymer Science Part B: Polymer Physics*, **50**, 198–206 (2012).

- **M. F. G. Klein**, F. Pasker, H. Wettach, I. Gadaczek, T. Bredow, P. Zilkens, P. Vöhringer, U. Lemmer, S. Höger, and A. Colsmann, "Oligomers comprising 2-phenyl-2*H*-benzotriazole building blocks for solution-processable organic photovoltaic devices", *The Journal of Physical Chemistry C*, **116**, 16358–16364 (2012).

- F. M. Pasker, **M. F. G. Klein**, M. Sanyal, E. Barrena, U. Lemmer, A. Colsmann, and S. Höger, "Photovoltaic response to structural modifications on a series of conjugated polymers based on 2- aryl-2*H*-benzotriazoles", *Journal of Polymer Science Part A: Polymer Chemistry*, **49**, 5001–5011 (2011).

- M. Pfaff, **M. F. G. Klein**, E. Müller, P. Müller, A. Colsmann, U. Lemmer, and D. Gerthsen, "Nanomorphology of P3HT:PCBM-based absorber layers of organic solar cells after different processing conditions analyzed by low-energy scanning transmission electron microscopy", *Microscopy and Microanalysis*, **18**, 1380–1388 (2012).

- B. Schmidt-Hansberg, **M. F. G. Klein**, K. Peters, F. Buss, J. Pfeifer, S. Walheim, A. Colsmann, U. Lemmer, P. Scharfer, and W. Schabel, "In situ monitoring the drying kinetics of knife coated polymer-fullerene films for organic solar cells", *Journal of Applied Physics*, **106**, 124501 (2009).

- B. Schmidt-Hansberg, **M. F. G. Klein**, M. Sanyal, F. Buss, G. Q. G. de Medeiros, C. Munuera, A. Vorobiev, A. Colsmann, P. Scharfer, U. Lemmer, E. Barrena, and W. Schabel, "Structure formation in low-bandgap polymer:fullerene solar cell blends in the course of solvent evaporation", *Macromolecules*, **45**,7948–7955 (2012).

- F. Nickel, C. Sprau, **M. F. G. Klein**, P. Kapetana, N. Christ, X. Liu, S. Klinkhammer, U. Lemmer, and A. Colsmann, "Spatial mapping of photocurrents in organic solar cells comprising wedgeshaped absorber layers for an efficient material screening", *Solar Energy Materials and Solar Cells*, **104**, 18–22 (2012).

- M. Pfaff, E. Müller, **M. F. G. Klein**, A. Colsmann, U. Lemmer, V. Krzyzanek, R. Reichelt, and D. Gerthsen, "Low-energy electron scattering in carbon-based materials analyzed by scanning transmission electron microscopy and its application to sample thickness determination", *Journal of Microscopy*, **243**, 31–39 (2011).

- M. Sanyal, B. Schmidt-Hansberg, **M. F. G. Klein**, A. Colsmann, C. Munuera, A. Vorobiev, U. Lemmer, W. Schabel, H. Dosch, and E. Barrena, "In situ x-ray study of drying-temperature influence on the structural evolution of bulk-heterojunction polymer–fullerene solar cells processed by doctor-blading", *Advanced Energy Materials*, **1**, 363–367 (2011).

- M. Sanyal, B. Schmidt-Hansberg, **M. F. G. Klein**, C. Munuera, A. Vorobiev, A. Colsmann, P. Scharfer, U. Lemmer, W. Schabel, H. Dosch, and E. Barrena, "Effect of photovoltaic polymer/fullerene blend composition ratio on microstructure evolution during film solidification investigated in real time by x-ray diffraction", *Macromolecules*, **44**, 3795–3800 (2011).

- B. Schmidt-Hansberg, M. Sanyal, **M. F. G. Klein**, M. Pfaff, N. Schnabel, S. Jaiser, A. Vorobiev, E. Müller, A. Colsmann, P. Scharfer, D. Gerthsen, U. Lemmer, E. Barrena, and W. Schabel, "Moving through the phase diagram: Morphology formation in solution cast polymer–fullerene blend films for organic solar cells", *ACS Nano*, **5**, 8579–8590 (2011).

- D. D. Tune, F. Hennrich, S. Dehm, **M. F. G. Klein**, K. Glaser, A. Colsmann, J. G. Shapter, U. Lemmer, M. M. Kappes, R. Krupke, B. S. Flavel, "The role of nanotubes in carbon nanotube-silicon solar cells", *Advanced Energy Materials*, DOI 10.1002/aenm.201200949 (2013).

- J. Yu, K. H. Lee, Y. Zhang, **M. F. G. Klein**, A. Colsmann, U. Lemmer, P. L. Burn, S.-C. Lo, and P. Meredith, "A dendronised polymer for bulk heterojunction solar cells", *Polymer Chemistry*, **2**, 2668–2673 (2011).

- H. Do, M. Reinhard, H. Vogeler, A. Puetz, **M. F. G. Klein**, W. Schabel, A. Colsmann, and U. Lemmer, "Polymeric anodes from poly(3,4-ethylenedioxythiophene):poly(styrenesulfonate) for 3.5 % organic solar cells", *Thin Solid Films*, **517**, 5900–5902 (2009).

- B. Schmidt-Hansberg, M. Sanyal, N. Grossiord, Y. Galagan, M. Baunach, **M. F. G. Klein**, A. Colsmann, P. Scharfer, U. Lemmer, H. Dosch, J. Michels, E. Barrena, and W. Schabel, "Investigation of non-halogenated solvent mixtures for high throughput fabrication of polymer–fullerene solar cells", *Solar Energy Materials and Solar Cells*, **96**, 195–201 (2012).

- S. Valouch, C. Hönes, S. W. Kettlitz, N. Christ, H. Do, **M. F. G. Klein**, H. Kalt, A. Colsmann, and U. Lemmer, „Solution processed small molecule organic interfacial layers for low dark current polymer photodiodes", *Organic Electronics*, **13**, 2727–2732 (2012).

Vorträge auf internationalen Konferenzen

- **M. F. G. Klein**, A. Pütz, M. Pfaff, J. Czolk, M. Reinhard, M. Fotouhi, J. Hanisch, E. Müller, A. Colsmann, D. Gerthsen, and U. Lemmer, "Highly efficient organic solar cells based on a PSBTBT:fullerene blend with extended absorption to the infrared", *The International Society for Optical Engineering (SPIE) Photonics Europe*, Bruxelles, 12. - 16. April 2010.

- **M. F. G. Klein**, G. Q. Glasner de Medeiros, P. Kapetana, U. Lemmer, and A. Colsmann, "A model kit for the spectroscopic characterization of polymer:fullerene-blends for high performance organic solar cells", *2012 Materials Research Society (MRS) Fall Meeting*, Boston, 25. - 30. November 2012.

- **M. F. G. Klein**, G. Q. Glasner de Medeiros, P. Kapetana, U. Lemmer, and A. Colsmann, "A model kit for the spectroscopic ellipsometry characterization of polymer:fullerene-blends for high performance organic solar cells", *2nd International Conference on Materials for Energy - EnMat II*, Karlsruhe, 12. - 16. Mai 2013.

Artikel in Konferenzbänden

- F. Nickel, C. Sprau, **M. F. G. Klein**, J. Mescher, U. Lemmer, and A. Colsmann, "Spatial mapping of photocurrents in organic solar cells comprising wedge-shaped absorber layers for an efficient material screening", *Proceedings of SPIE - The International Society for Optical Engineering (SPIE)*, **8477**, 84770E (2012).

Artikel eingereicht und in Vorbereitung

- **M. F. G. Klein**, G. Q. Glasner de Medeiros, P. Kapetana, U. Lemmer, A. Colsmann, "A modeling approach to derive the anisotropic complex refractive index of organic solar cell polymer:fullerene blends utilizing spectroscopic ellipsometry", in Vorbereitung.

- M. Pfaff, P. Müller, P. Bockstaller, E. Müller, J. Subbiah, W. W. H. Wong, **M. F. G. Klein**, W. Pisula, A. Kiersnowski, S. R. Puniredd, U. Lemmer, A. Colsmann, D. Gerthsen, D. J. Jones, "Bulk heterojunction nanomorphology of fluorenyl hexa-*peri*-hexabenzocoronene-fullerene blend films", *ACS Applied Materials & Interfaces*, eingereicht.

- T. Bocksrocker, A. Egel, A. Pargner, **M. F. G. Klein**, C. Eschenbaum, S. Höfle, U. Lemmer, "On the outcoupling in ITO-free flexible organic light emitting diodes", in Vorbereitung.

- J. Mescher, S. W. Kettlitz, N. Christ, **M. F. G. Klein**, A. Pütz, A. Colsmann, U. Lemmer, „Design of semi-transparent organic tandem solar cells with excellent color properties and a tunable transparency", in Vorbereitung.